中华工商联合出版社

图书在版编目（CIP）数据

点茶师培训教材 / 宋联可著 . -- 北京 : 中华工商联合出版社, 2022.4
ISBN 978-7-5158-3356-9

Ⅰ. ①点… Ⅱ. ①宋… Ⅲ. ①茶文化－中国－技术培训－教材 Ⅳ. ① TS971.21

中国版本图书馆 CIP 数据核字 (2022) 第 040783 号

点茶师培训教材

作　　者：宋联可
出 品 人：李　梁
图书策划：蓝色畅想
责任编辑：林　立
装帧设计：胡椒书衣
责任审读：于建廷
责任印制：迈致红
出版发行：中华工商联合出版社有限责任公司
印　　刷：北京欣睿虹彩印刷有限公司
版　　次：2022年5月第1版
印　　次：2022年5月第1次印刷
开　　本：880mm × 1230mm　1/16
字　　数：214千字
印　　张：15
书　　号：ISBN 978-7-5158-3356-9
定　　价：52.00元

服务热线：010－58301130－0（前台）
销售热线：010－58302977（网店部）
010－58302166（门店部）
010－58302837（馆配部、新媒体部）
010－58302813（团购部）
地址邮编：北京市西城区西环广场A座
19-20层，100044
http://www.chgscbs.cn
投稿热线：010－58302907（总编室）
投稿邮箱：1621239583@qq.com

前　言

数年前，我以点茶待客，曾被问到“这是日本的抹茶吗”“这是新的玩法吗”，每每听到这样的问题，我都会铿锵地回应：“这是中华茶道——点茶！”友人多不信、不解。于是，我奔走在大学讲堂、报告厅、茶会，告诉人们：“作为中国人，我们一定要知道点茶！”可大多数人不以为然，或许认为咱们中国的宝贝实在太多，点茶实在算不了什么。于是，为了改变人们的这种想法，我面向全国茶人开设了系统的点茶传承课，讲解点茶的历史、文化、茶礼、技艺、器物、茶道与爱国情怀。原本抱着“增学一艺”的想法而报名的学员，从开始急迫地想掌握技艺，到日复一日以平常心点茶；从好奇一门技艺，到尊重中华茶道。我想，这就是点茶的魅力。茶为国饮，宋代点茶是中华茶史上的高峰，作为中国人可以不会点茶，但不可不知点茶。点茶，可以让我们不忘历史，可以让我们重塑文化自信。

作为宋宗点茶第二十代传承人，我自小耳濡目染，因此爱茶、敬茶。父亲不仅传习点茶，更爱研究中华茶文化，他时常感慨，今日茶人追捧茶艺而忽视茶道，海外提起茶道首说日本而非中国。我明白父亲对茶的爱与忧，他的言行早已在我心里刻上深深的烙印。2018 年 12 月 27 日，父亲离我而去，那些日子我“默坐高楼”，写下“隐痛渡七七，此生承所遗”。此后，“让点茶成为令世界尊敬的中华茶道”成为我一生的使命。2019 年，我带领团队首次申请将宋代点茶列入非物质文化遗产名录；2020 年，我带领团队起草的历史上首个点茶标准《DB3211/T 1011-2019 非物质文化遗产点茶操作规范》正式实施；2021 年，在江苏大学指导下我负责、主讲了历史上首个点茶师职业技能培训班……我们团队为点茶付出的努力远不止这些，截至 2021 年 12 月，已组织非遗宋代点茶活动 448 场，加上过去组织的以推广茶文化为主的传统文化类活动，竟达到了上千场。其中，包括两届宋茶文化节、两届年度点茶榜评选活动、三届宋茶征文大赛活动、一届宋联茶文化论坛活动以及数年来每月的宋联斗茶和每周的公益奉茶，线上线下讲座更是不计其数。通过非遗宋代点茶传承班，结识了全国各地的茶人，我们这些志同道合者走在一起，携手传承茶道。我们之所以能做这么多有意义的事情，要感谢我分布在5个国家、60多个城市的139位终身传承弟子，他们亦肩负着传承点茶道的使命，默默无闻、无私奉献，我们互相鼓励着、温暖着，克服重重困难，一路前行。

非常荣幸，作为中华点茶道的传承代表，受到联合国前秘书长、博鳌亚洲论坛理事长潘基文，德国前总统、全球中小企业联盟主席克里斯蒂安·武尔夫，泰国旺猜亲王和泰国陆军司令部安楠迪查上将等政要的接见。通过赠送末茶与点茶器，在国际舞台演讲和点茶表演，请数位政要品饮点茶，在世界这个大舞台上让更多人了解到中华瑰宝——点茶。在省市部门与领导的指导与关心下，我们从最初只有三四人的点茶团队，成长为中国乃至世界的第一传承团队。非遗宋代点茶的传承在茶界树立了一座高峰，形成了巨大的影响力，全国各大媒体已有500多篇报道，央视主持人朱迅、赵保乐还曾对传承体系进行了专访。点茶道能一步步地健康发展，我们要感谢《非遗宋代点茶传承谱》及续谱的各位顾问——陈潜志、李传德、李世惠、彭清一、邵国兴、宋联海、宋文光、宋余庆、田冰、王润贤、韦文胜、杨东涛、张杰、周云。他们不仅是指导非遗宋代点茶团体成长的顾问，更是为点茶的发扬光大做出了巨大贡献。

2019年，我们确定了自己的使命——“让点茶成为令世界尊敬的中华茶道！”这一年，我们数次登上国际舞台弘扬点茶道；2020年，我们定下传承规划——在各地传承与弘扬点茶道。这一年，我们传承团队的足迹已遍布多个国家和城市，我们同时也开始在线上推广，已影响上千万人；2021年，我们立下宏愿——复兴点茶！这一年，在江苏大学的指导下，我们连续开办三期百人规模的点茶师职业技能培训班。通过网络，我们开始在全球范围内讲授非遗宋代点茶传承课。通过社会力量的帮助，我们成立了历史上首个中学生非遗点茶社团、首个大学生非遗点茶社团。我们还与全球最大的抹茶生产基地合作，解决了点茶粉安全、惠民的大问题。这一年，还有一件大事——撰写这本书！为什么这本书这么重要呢？第一，弘扬点茶，需要专业的从业点茶师，这本书是培养、考核点茶师的教材；第二，复兴点茶，需要大众了解点茶为个人身心带来的益处，认识到点茶的历史意义、文化意义、社会意义。通过这本书，不仅让大家了解点茶，还能学会点茶。

如果知道点茶能为我们带来哪些好处，大家自然会喜欢上点茶；如果知道点茶对中华文化的意义，大家也就会明白我们传承团队为何如此努力。

在撰写过程中，我时常心怀感恩，想感谢的人非常非常多，家人、团队、同事、朋友、学员、编辑，在这里献上我最诚挚的感谢。完成一件重要而不易的大事，其后必有众人支持。我今天取得的成就并不能代表我自己，我只是幸运地站在点茶复兴的重要时间点，我只是幸运地结识了诸多有爱、有信仰的同胞。点茶，从鲜有人知，到第五届全国茶业职业技能竞赛茶艺竞赛将其列入竞赛内容，这一步非常不容易，这是众多点茶人、茶人、华人共同努力的结果。

感谢生命中的相遇，纵使千言万语也无法说出我心中的感谢，唯有与各位戮力前行，让点茶成为令世界尊敬的中华茶道！

宋联可

非遗宋代点茶镇江驿站江苏大学分驿站

庚子年吉月初五

目　录

第一部分

点茶师培训教材（初级）

中国是公认的茶的故乡，茶距今已有数千年的历史。从“神农尝百草，日遇七十二毒，得茶解之”，到约3000年前正式栽培种植，再到成为今天世界三大饮料之一，中国的用茶史经历了药用、食用、饮用的发展历程。而中国的沏茶史，经历了唐代煮茶、宋代点茶、明清泡茶、当代饮茶的发展历程，多样化的饮用方式，使得中国的茶道更加有吸引力。

一般来说，点茶主要指的是流行于宋代的点茶方式。点茶，将点茶粉投入茶盏中，以饮用水冲点，用茶筅快速击打，使点茶粉与水充分交融，在茶汤表面留存大量沫饽的过程。不同的时代，点茶方式也不同，目前点茶主要指的是宋代点茶法，本书中也会介绍其他时代以及现代改良与创新的点茶法。

点茶法在宋代十分流行，当时的文人墨客在他们的诗词中有很多关于点茶的描写。北宋政治家、文学家范仲淹在《和章岷从事斗茶歌》中写道：“黄金碾畔绿尘飞，紫玉瓯心雪涛起。”北宋文学家苏轼在《试院煎茶》中写道：“蟹眼已过鱼眼生，飕飕欲作松风鸣。蒙茸出磨细珠落，眩转绕瓯飞雪轻。”苏轼的弟弟苏辙在《宋城宰韩秉文惠日铸茶》中写道：“磨转春雷飞白雪，瓯倾锡水散凝酥。”

然而，由于工艺的繁复，明代以后，点茶明显衰落。另一方面，日本、韩国、朝鲜等国却一直沿袭宋代的点茶法，在日本，更是将其创新发展成为日本茶道推而广之。现代，当人们回望历史，发现点茶这颗璀璨的明珠，其魅力并没有随着岁月的尘封而逊色，相反，越来越光彩夺目，也越来越吸引大众的视线。在这个背景下，人们对点茶的需求也越来越多，点茶师的规范和培训迫在眉睫。

点茶师是指在茶室、茶楼、教育机构、表演场所等，展示点茶流程和技艺以及传播点茶知识和点茶文化的人员。按级别划分，点茶师可以分为五级（初级工）、四级（中级工）、三级（高级工）、二级（技师）以及一级（高级技师）这五个类别。点茶师的技能要求和相关知识要求随着级别依次递进，高级别涵盖低级别的要求。我们在这一部分主要介绍五级（初级工）点茶师应该具备的技能要求和知识。

第一章　初级点茶师的接待准备

点茶师在展示点茶流程和技艺前，首先要做好接待准备工作。初级点茶师的相关技能和知识要求中，在接待准备这一环节，点茶师需要做好仪容仪表的准备和点茶空间的准备。这些准备工作将是点茶师展示和服务流程中必不可少的部分，只有做好了充足的准备，为顾客营造良好的空间氛围，才能在之后的展示中端庄从容、有条不紊。

第一节　仪容仪表准备

点茶师肩负着传播点茶知识与点茶文化的使命，所以应该具备较高的文化修养和得体的行为举止，做到这一点必须要熟悉点茶文化并能掌握点茶技能。也就是说，对于点茶师来说，无论是外在形象还是言行举止，甚至气质修养，都有相应的要求。

在仪表准备方面，初级点茶师要掌握的技能包括：

能按照点茶服务礼仪要求进行着装、佩戴饰物；

能按照点茶服务礼仪要求修饰面部、手部；

能按照点茶服务礼仪要求修整发型、选择头饰；

能按照点茶服务礼仪要求规范站姿、坐姿、走姿、蹲姿。

需要掌握的相关知识包括：

点茶师服饰、配饰基础知识；

点茶师容貌修饰、手部护理常识；

点茶师发型、头饰常识；

点茶师形体礼仪基本知识。

初级点茶师需要从五个方面进行仪容仪表准备。

一、服饰和配饰

点茶师的着装和饰物佩戴是以完成点茶服务为目的，而点茶活动要求恬淡平和，所以，点茶师应该仪表整洁，举止端庄，着装和饰物佩戴要与环境、茶器相匹配。不宜浓妆艳抹，穿着暴露。

（一）茶服

茶服指的是点茶师从事点茶活动时的着装，既可以是带有艺术表演性质的服装，也可以是日常的服装。总体来说，茶服在选择上应该注意和点茶主题的协调一致。茶服的选择通常应该遵循以下三个原则。

第一，整体原则。整体原则指的是茶服在选择上具有完整性，上衣下裳、衬衣外套等应该视作整体进行选择，而非随意搭配。一套衣服穿上身后，在色彩上应该给人呈现和谐、完整的感觉；款式上要遵循一定的搭配原则，如果裙、裤宽长，那么上衣最好短小、紧束。着汉服，应遵守相应朝代的服饰制度，一般建议着宋制汉服。

第二，服务原则。点茶活动是一种审美艺术，点茶师的所有活动都是为点茶活动服务的，茶服同样也是如此。茶服的选择并不只是为了展现点茶师个人的形体美，而是为了配合体现点茶活动的风格特征。因此，点茶师在搭配服饰时，要考虑点茶活动的主题思想。此外，点茶师对服饰的选择和搭配，同样体现了其对点茶活动主题思想的理解。可以说，点茶师的功力越深厚，选择的服饰就会越准确。

第三，个性化原则。服务原则决定了点茶师在服饰选择上的基本方向，形体原则则是点茶师根据个人的形体特征如高矮胖瘦、肤色等进行个性化的选择和搭配。

点茶师根据个人形体的不同，在款式和色彩等方面进行相应调整，达到扬长避短的目的，从而突出个性化特征。

（二）配饰

配饰是指除茶服外，为了更好地体现点茶效果而在点茶师身上添加的物品，能够起到装饰效果。配饰的材质多样，种类繁杂，在选择时，需要遵循两个原则。

第一，陪衬原则。配饰中的“配”字体现了它的地位和作用，一般是在点茶主题和茶服确定后，再选择配饰。配饰主要起到烘托和陪衬作用。所以，点茶师在选择配饰的时候，切忌喧宾夺主。此外，配饰还能在一定程度上体现主人的品位，过于夸张、醒目的配饰都不利于达到这个目的。着汉服，使用配饰应遵守相应朝代的服饰制度，一般建议使用宋制配饰。

第二，装扮原则。配饰的主要作用是装扮。点茶师可以根据发型和茶服选择相应的配饰，以隐藏自身的缺点或突出自身的优点。在选择配饰时，应以大方、高雅、朴素为主要依据，切忌艳丽、夸张。

二、手型和妆容

人们一般通过点茶师的手型和妆容获得第一印象，并得出自己初步的判断。因此，点茶师在点茶活动之前，要保养好自己的手部，并处理好妆容，以期留下好的印象，使点茶活动顺利进行。

（一）优美的手型

点茶师在点茶过程中，时时刻刻需要用手向人们展示点茶技艺。因此，一双优美、干净的手是点茶师必备的。为了塑造优美的手型，点茶师在日常生活中要注意保养，保持双手的干净、清洁。特别要注意的是，点茶师要注意双手不能残留化妆品或护肤品的气味，以免影响茶的香气。

（二）干净的妆容

点茶表演是一种古典、淡雅的艺术。妆容过浓，会破坏茶的香气，从而破坏品茶的感觉。因此，点茶师在选择妆容时，不易选择浓烈的、现代的妆容，而应该配合点茶表演，选择干净、古典的妆容。在庄重的场合，应着汉服，根据汉服选择妆容，一般建议选用仿宋妆容。

每个人的容貌各有不同，如果相貌不是十分出色，可以通过后天的学习、练习获得气质上的提升，再配以整洁的妆容和自信的言行、得体的举止，让人赏心悦目；如果天生丽质，则更易通过干净的妆容，以整洁大方示人，给顾客以尊重。

总体来说，点茶师要做到四点：其一，保持真诚的微笑，精神饱满，容颜和悦；其二，妆容与服饰搭配，眼影、口红等化妆品的颜色整体协调，能体现精神面貌；其三，不留长指甲，不涂指甲油，不涂抹香水或者使用有刺激性气味的化妆品；其四，保持口腔清新，不食用有刺激性异味的食物。

三、发型与发饰

点茶师除了要展示相关技艺和知识，还要展现一定的个人形象。因此，以不经打理的头发示人是非常不礼貌的。可以根据自己的实际情况，选择适合自己的发型和发饰。

点茶师根据自己的脸型和气质选择适合自己的发型和发饰，要带给人一种舒适、整洁、大方的感觉。头发无论长短，切忌蓬松、凌乱不堪，长发散落，短发遮面，染发、留怪异发型等。点茶师要按点茶时的要求进行梳理。长发在梳洗干净后统一盘起，避免在进行点茶表演时，头部前倾而将头发散落挡住视线影响操作；同时，盘发可以避免头发掉落在操作台上，从而让人产生不卫生的联想。同样的道理，短发也应该遵循这样的原则进行一定的处理，不使头发在操作时挡住视线，也要避免头发掉落。着汉服，梳相应朝代的发型，一般建议采用仿宋发型。

发饰除了修饰发型，还有固定头发的作用。当头发的长度不足以盘起时，可以选择用发饰进行修饰和固定。点茶师可以根据发型和服饰选择发饰，以淡雅、大方、朴素为主，切忌夸张鲜艳，喧宾夺主。着汉服，使用相应朝代的发饰，一般建议使用仿宋发饰。

四、形体礼仪

中国自古以来就是礼仪之邦，点茶活动中更是蕴藏了丰富的传统文化。因此，作为一名初级点茶师，只有具备这些形体礼仪，才能更好地营造点茶氛围。接下来，我们将从点茶师的站姿、坐姿、走姿、蹲姿等四个方面来具体说明初级点茶师应该具备的形体礼仪。

（一）点茶师的站姿

点茶师在点茶过程中，根据实际情况，有时需要坐着点茶，有时需要站立点茶。在站立时，要遵循一定的站姿，要做到两眼平视，双腿并拢，身体挺直，双肩放松，双手在虎口前交叉。有一点需要注意，女性的右手应贴在左手上，并置于身前；男士则要将左手贴在右手上，置于身前。点茶师在做上述这些动作时要随和自然，切忌生硬呆滞。

站姿的要领包括：一要平，即头平正、双肩平、两眼平视；二要直，即腰直、腿直，后脑勺、背、臀、脚后跟连成一条直线；三要高，即重心上拔，显得很高。

在庄重场合，着汉服，按相应朝代相应礼仪制度站立。

（二）点茶师的坐姿

在不少场合，点茶师是坐在椅子上从事点茶表演与服务。因此，对点茶师的坐姿要遵循一定的规范，以便更好地表演点茶。点茶师的坐姿主要有三点要求。首先，点茶师要端坐茶席中央，头正身正，身体放松，上身挺直，收腹挺胸，并控制身体的重心，保持身体平稳。其次，女士双手叠放在茶巾上，左手下右手上；男士双手握虚拳，双手齐肩宽竖放于茶桌上。女士双腿并拢，男士双脚齐肩宽踏地，切忌没有坐相，随意放置双腿。最后，点茶师应将头部上顶，微收下颌，调整呼吸。此外，点茶师如果在点茶表演时身着长裙，坐下时，则要先将长裙捋平再坐下。

在庄重场合，着汉服，按相应朝代相应礼仪制度坐。

（三）点茶师的走姿

点茶师在行走时也要遵循一定的规范。在走路时，男性点茶师和女性点茶师略有不同。一般来说，女性点茶师在行走时须呈一条直线，身体要稳，尤其上身不可随意摇动。同时，两眼平视，下颌微收，双肩放松，并将双手于虎口前交叉，右手搭在左手上，提放于身前，以免行走时摆幅过大。男性点茶师在行走时同样要两眼平视，下颌微收，双肩放松。但走姿较女性点茶师更随性，双臂可随两腿的移动做小幅自由摆动。点茶师走到顾客面前后要稍微倾身，面向顾客完成点茶活动。结束后，面向顾客的同时，后退两步再倾身离去，以示对顾客的尊重。

在庄重场合，着汉服，按相应朝代相应礼仪制度走。

（四）点茶师的蹲姿

点茶师在进行点茶活动时，有时需要蹲下拾捡或整理物品。在蹲下时，不可随意就蹲下，要体现“蹲要雅”的原则，这样才能呈现点茶师的修养与美感。

一般来说，如要拾捡物品，可以走到物品的左侧，直腰下蹲，从容捡起物品，再稳稳站起。如需整理物品，则可使左脚在前，右脚在后，扎稳后，直腰下蹲，从容整理物品，再稳稳站起。如下蹲时面对他人，则要侧身相向。

在庄重场合，着汉服，按相应朝代相应礼仪制度蹲。

五、普通话与迎宾敬语

（一）普通话

点茶师在进行点茶活动时全程要使用普通话，不可使用方言、俚语、中英文夹杂等方式与顾客沟通，使用标准的普通话是对顾客的尊重。

点茶师可以参加普通话水平测试，获得《国家普通话水平测试等级证书》，点茶师的普通话水平建议不低于三级甲等。

（二）迎宾

顾客登门时，点茶师要主动、热情、面带微笑地迎接顾客。迎宾的质量好坏直接关系到顾客对茶坊印象的好坏。因此，应该认真对待迎宾工作。

第一，迎宾步骤。首先，使用礼貌用语真诚热情地将顾客迎接进门；其次，了解顾客的基本情况，如用茶人数及预订情况，将顾客领到适当的位置；最后，解答顾客相关问题，并安排后续点茶服务。

第二，“迎宾三件事”。首先，为顾客开门，观察顾客的行走进度，当距离门口两米左右时，应主动为顾客开门；其次，统一用语，各茶坊可依据自己的实际情况，统一点茶师的迎宾用语，迎宾用语需在顾客一进门时说出；最后，及时招待，在顾客进门后，点茶师要及时招待进门的顾客，不可冷落了顾客，要使其有宾至如归的感觉。

第三，“十五一”服务法则。在迎宾过程中，遇到顾客时要做到：“十米眼神交流，五米点头微笑，一米起身接待”。

（三）送宾

送宾是整个点茶服务过程中的最后环节，好的送宾礼仪能唤起顾客的回头欲，从而产生下一次消费，是赢得更多顾客的关键。同时，做好送宾工作也是善始善终的体现。具体实践中，点茶师可以采取以下三个步骤。

第一步，当顾客表示要离开时，帮助顾客轻轻拉开椅子，并提醒顾客带好随身物品，引导顾客走出茶室。

第二步，送客时，一般要走在宾客后面，让宾客走在前面，中间间隔一米左右的距离。送客一般要送到门口。

第三步，顾客离开时，要主动为顾客拉开门，并使用礼貌的语言与之道别，表达欢迎其再次光临的意思。

第二节　点茶空间准备

点茶空间准备指的是在顾客到来前，点茶师结合点茶主题和顾客的需求，按照一定的原则，布置好空间，做好点茶准备和迎接顾客的准备。

点茶是一项雅致的艺术活动，通常来说，点茶空间的布置要古朴雅致，能够体现出一定的文化气息，室内可以悬挂传统书画，摆放盆景、插花、香炉、书籍等，给顾客以恬静、雅致的感觉。具体来说，点茶空间需要体现“静、洁、美”的原则。即点茶空间要做到清静、清洁、清雅、清美、清明、清心，让处于点茶空间中的人感到和口、和乐、和睦、和平、和善、和合。

初级点茶师在点茶空间准备这一环节中，要掌握如下技能：

能主动热情接待服务客人；

能清洁点茶空间环境卫生；

能清洗消毒点茶器具；

能配合调控点茶空间内的灯光、音响等设备；

能操作消防灭火器进行火灾扑救。

需要具备如下知识：

点茶师岗位职责和服务流程；

点茶空间环境卫生要求知识；

点茶器具消毒洗涤方法；

灯光、音响设备使用方法；

消防灭火器的操作方法。

初级点茶师可以从以下五个方面进行点茶空间的准备。

一、环境卫生要求

点茶师要做好点茶空间的环境卫生，使其达到营业的标准。主要可以从以下五点着手，即桌面、地面、摆设物品、卫生间及其他方面。

第一，要保持桌面的整洁。每日擦拭，时时擦洗，做到桌面不留尘，没有水渍、污渍、异物等。按照一定的顺序摆放桌面的物品，使其各置其位，不留多余的物品，保持桌面的整洁，便于随时点茶操作。

第二，保持地面的清洁卫生。地面要做到每日清扫，没有污渍、垃圾。地面除了必要的桌椅及摆件等物品，不堆放杂物，保持空气的流通和清新。垃圾桶里的垃圾要实时处理，不能使空间中有异味。

第三，摆设的物品要保持整洁。如花盆、花架、插花、香炉、挂画等，要时时保持清洁，保证上面没有灰尘与异物。

第四，保持卫生间的整洁干净。卫生间要做好清洁消毒工作，洗手台要干燥无水渍，洁具干净无污垢、茶渍等。卫生纸及时更换，保证垃圾桶的卫生，做到每日清理。还要注意卫生间的通风换气，保证卫生间干净无异味。

第五，其他方面。保持窗户的光亮与清洁，无水痕或手印。保持保鲜柜、货品架、消毒柜、茶器等点茶空间内的一切物品的干净与清洁。时时注意饮水机、纸巾盒等，保证其可以正常使用。

二、清洗消毒茶器

茶器是点茶活动中重要的承载物，一定要保证茶器的清洁与卫生，无论是新购买的茶器，还是顾客使用后的茶器，都要做到及时清洗，经常消毒，去除茶器内可能附着的一些不利于健康的微生物和茶垢，这样才不会影响茶的口感和香气，从而使得顾客有更好的点茶体验。清洗消毒茶具主要分为四个步骤。

第一步，去除茶器表面的污渍、残渣。

第二步，使用专用的洗涤液清洗茶器，使其表面不留有茶渍、污渍等。

第三步，使用清水盂冲刷茶器，冲去残留的洗涤液。

第四步，使用专用的茶器保洁毛巾擦拭茶器，使其表面没有水渍。

值得注意的是，不同材质的茶器在清洗的时候，要注意使用不同的工具以保护茶器，从而使顾客有更好的使用体验。比如在清洗紫砂材质的茶器时，要注意不要选择味道过于浓烈的洗涤剂，过于浓烈的洗涤剂会将味道附着在茶器上，从而影响茶的香气；清洗玻璃材质的茶器时，要注意使用柔软的保洁毛巾进行擦拭，过于坚硬的工具会划伤茶器的表面。

清洗后，还应做好茶器的消毒工作，茶器的消毒主要是将清洁后的茶器放入消毒柜中消毒，消毒后取出放入保洁柜内备用。清洗后，还应做好茶器的消毒工作，茶器的消毒主要是将清洁后的茶器放入消毒柜中消毒，消毒后取出放入保洁柜内备用。

三、调控灯光、音响设备

点茶是一项修身养性的活动，一般的点茶空间都承担着社交、思考、放松等功能，因此，对点茶空间的环境有一定的要求。点茶空间的环境宜温馨、雅致、宁静，而点茶空间的灯光和音响设备能起到烘托点茶空间的作用。初级点茶师要学会调控点茶空间的灯光、音响设备，通过这些设备达到对点茶环境的布置。

第一，点茶师要了解灯光、音响设备的开关电源在哪里，了解设备的每个按键的位置及功能。当顾客有相应的需求时，能准确地找到对应的按钮或开关进行调控。通过对灯光和音响的调控烘托点茶空间的氛围，调节顾客的情绪。

第二，点茶师要及时留意灯光、音响设备的使用情况，如遇到设备老化、损坏等情况，要及时联系维修工人维修，保证点茶空间的设备正常运转。

第三，点茶师还要熟悉音响中的音乐，了解基本的音乐知识，知道什么主题该配什么音乐，能按照顾客的喜好推荐合适的乐曲。用音乐的转换把握点茶的节奏感。此外还要根据实际需求及时更新乐曲库。

第四，一般来说，商品的展示区和销售区尽量选用白色光源，这样更能凸显茶叶的新鲜和茶器的光泽，如果使用其他颜色的光源，则有可能使陈列的商品看不清楚，使茶叶显得陈旧或者淡化了茶器的质地。而座席间尽量选用黄色光源等看上去温馨朦胧的暖色调光源，在提高茶席质感的同时，也拉近了顾客与点茶师之间的距离。

四、消防灭火器

点茶师上岗前需经过消防安全培训，合格后才能上岗。点茶师需知道消防灭火器的具体位置，了解消防灭火器的使用方法，在关键时刻能打开消防灭火器扑灭火情。消防灭火器的使用方法和步骤可以归纳为“一提、二拔、三瞄、四压”。

一提，指的是用手提住灭火器的提手，将灭火器保持水平垂直，再将瓶身上下颠倒来回摇晃，让干粉松动；二拔，指的是拔掉灭火器的保险销，即将灭火器提手下的环状金属物拔掉；三瞄，指的是一只手持灭火器的喷管最前端，控制好方向，并瞄准火源，瞄准的时候，要注意距离火焰3 ~ 5米，另一只手提起灭火器提手；四压，指的是压住灭火器的开关，使之喷出干粉灭火。

点茶师在平时要做好点茶空间的消防检查，能及时发现并解决安全隐患，做好点茶空间内的物品管理，坚决杜绝在空间内放置易燃易爆的物品。当火情出现时，要及时拨打“119”火警电话，沉着冷静地说出着火原因、着火地点、联系人及电话等重要的基本信息；维持好现场的秩序，引导顾客有序离开，杜绝发生踩踏事件；能及时准确地找到并打开消防灭火器扑灭火苗。需要注意的是，在使用消防灭火器时，首先要保障自己的安全。如遇电器火灾，首先要切断电源。

五、防毒面具

防毒面具是点茶空间必备的物品之一，初级点茶师要能够正确佩戴防毒面具，并能在险情发生时，指导顾客带上防毒面具。

防毒面具可以分为过滤式防毒面具和隔绝式防毒面具。前者由面罩和过滤元件组成，后者只有一个面具。面具本身能提供氧气，根据氧气来源的不同，又可以分为贮气式、贮氧式和化学生氧式三种。

在使用防毒面具前，点茶师要先检测能否使用，主要检查四个方面。

第一，检查面具是否破损，是否有裂口、破洞等，确保面具与脸部能密切贴合。

第二，检查头带是否有弹性，防止佩戴时与面部不贴合或自动脱落。

第三，检查呼吸阀片、滤毒盒座密封圈等是否完好，确保防毒面具能正常使用。

第四，检查滤毒盒的保质期，确保其在使用期内，能正常使用。

防毒面具的使用方法如下：用面具盖住口鼻，将上面头带拉至头顶，双手将下面的头带拉向颈后，然后扣住；佩戴后用手掌盖住呼吸阀呼气，检测面部与面罩之间是否有漏气的现象，如果有，则需要重新调整。使用后，将滤毒罐拧紧，放在干燥、洁净、空气流通的库房储存，以便再次使用。

第二章　初级点茶师的点茶服务

点茶服务是点茶师的核心技能，是成为点茶师的关键。不同级别的点茶师在点茶服务中的要求也不一样。作为一名初级点茶师，要了解点茶服务的基本流程，能选择并操作点茶服务中用到的器具等；在具体点茶活动中，会操作基本的点茶方法，为顾客提供一些基础服务等。在本章中，我们主要介绍作为一名初级点茶师应该具备的服务技能，主要分为点茶备器和品饮点茶两个部分。

第一节　点茶备器

盛行于宋代的点茶法流传至今，虽然经过了改良与创新，但依旧是工艺和技法都十分考究的饮茶方式。

作为一名初级点茶师，需要掌握的技能和知识很多，就点茶备器而言，要掌握这些知识：

能区分点茶原料品质；

能根据茶单选取点茶原料；

能选择并正确使用点茶器具；

能选择和使用备水、烧水器具。

同时掌握这些技能：

区分点茶原料品质知识；

茶单基本知识；

点茶器具的种类和使用方法；

安全用电常识和备水、烧水器具的使用规程。

一、点茶粉

点茶粉，以符合国家食品安全标准的茶叶为原料，经研磨加工工艺制成细度100目以上的产品。点茶粉是点茶的主要原料。点茶粉的仿古制法比较繁复，当今大多使用抹茶粉或散茶碾制而成的茶粉。茶叶经过多道工艺后，放入石磨或其他工具中碾碎成末，得到点茶所需的茶粉。抹茶可以直接使用，绿茶、白茶、黄茶、青茶、红茶、黑茶等，经过一定的工艺处理，也可以加工成茶粉用作点茶粉。无论采用哪种方式，都要采用符合GB 2762及GB 2763规定的茶叶来制成点茶粉。受原料和工艺等因素的影响，制作出来的点茶粉品质有异，点茶师要学会鉴别点茶粉的品质。一般来说，可以根据以下四个方面来鉴别点茶粉的品质。

第一，色泽。如果是绿茶粉，那么茶粉的色泽越绿，品质越好。相反，如果呈黄绿色，则表明品质不佳。为了获得更好的口感和色泽，茶粉是采用经过遮光的春茶制作而成的，遮光率高的春茶制作出来的茶粉不仅含有特殊的香气，而且色泽翠绿。这种茶粉的纤维素、维生素、茶多酚、咖啡碱等含量更高。如果是其他种类的茶粉，色泽也以与茶本色最接近的颜色为佳。

第二，目数。目数是一个物理单位，指的是每平方厘米（中国规格）或每平方英寸（国际规格）面积内的目孔数，一般用来表示物料粒度的大小。目数越大，物料粒度越小；目数越小，物料粒度越大。就点茶粉来说，通常越细越好，即目数越大越好，但目数也没有必要过大。

第三，净度。观察点茶粉的净度，如果杂质过多，这样的点茶粉净度就不高，而净度越高的点茶粉品质越高。

第四，匀整度。指的是碾磨后的点茶粉品相是否匀整，匀整度越高，点茶粉的品质越好。

此外，点茶师还可以根据点茶粉制成的茶汤的汤色、香气、味道、沫饽等判断点茶粉的品质。

二、茶单设计与点茶粉储存

（一）茶单的设计和制作原则

茶单是茶室准备的供顾客选择物品或服务的单子，上面包含价目表等信息。茶单的设计非常重要，在点茶师介绍之前，顾客都会拿着茶单仔细研究。一些顾客非常熟悉点茶，甚至可以根据茶单的内容判断一家茶馆的品质好坏。粗糙的、不洁净的茶单会给顾客留下非常不好的印象。反之，洁净的、有设计感的茶单则会让顾客感到赏心悦目，留下良好印象。茶单的设计需要从四个方面入手。

第一，提高用户体验度，以顾客的需求为导向。茶室在设计茶单的时候，首要的原则是以顾客的需求为导向，并尽可能优化茶单设计，提高顾客的体验度。比如，点茶师在平时为顾客提供服务的时候，要随时关注顾客的新需求，如果来到茶室的顾客中有超过一半的人希望茶室能够提供含糖的茶饮，那么，点茶师就要根据顾客的这个新需求，尽量地满足顾客，研发制作新饮品，并将其放置在茶单上。另外茶单在设计制作的时候，要考虑到用户的点单体验，将受用户欢迎的饮品和当季新品放置在茶单显眼的位置，以方便顾客点单。

一般在设计茶单的时候，茶单上的茶名都要标注中英文，所有的文字都要符合语法规范，并用阿拉伯数字标明序号和价格。茶单上的字体要规范，不同标题的字体要有所区别。茶单的印刷要规范，使顾客在正常光线下可以看清楚。茶单的样式和规格也有一定的要求，一般茶室常使用的规格为 28 × 40 厘米的单面茶单、25 × 35 厘米的对折茶单，或者 18 × 35 厘米的三折茶单。

第二，茶室可以根据自己的实际情况选择合适尺寸的茶单，立足茶室本身，体现茶室的特色；茶单的设计要和茶室本身的风格相匹配，立足茶室的风格，体现茶室的特色。比如，茶室如果是古典风格，可以将茶单也设计成古典风格的；如果是清新风格，那么茶单最好也是清新风格的。在此基础上，还要将茶室的特色产品放置在显眼的位置，让顾客一眼就能看到。

第三，追求艺术美。茶室的茶单是茶室重要的组成部分，在设计茶单的时候，要和茶室的风格统一，体现出艺术美。设计师可以从字体、排版、色彩、用纸等多方面考虑，设计出精美的茶单。

就字体和排版来说，茶单可以选择一些带有艺术特色的艺术字为茶单增加文化氛围感；排版时，在版面允许的情况下尽可能多留白，一面纸上以 50% 的空白为佳。过密的字会让人眼花缭乱，不知道从什么地方入手，过少的字又会让人感觉选择的空间少。

就制作材料来说，茶单可以分为一次性的茶单和重复使用的茶单。在为一次性茶单选择材料时，就无须考虑其耐脏、耐磨等性能，可以选择用轻巧单薄的纸张设计茶单；而重复使用的茶单则可以选择厚实耐磨的纸张，再根据选择的纸张设计茶单的版面，让茶单的设计与茶单的材质相得益彰。

就装帧设计来说，可以使用一些插图和色彩，让茶单的设计和茶室的整体环境协调一致。在插图的选择上，茶单可以选择当地的名胜古迹照片作为装饰画，也可以选择一些古典的图案将茶单装饰得古色古香。在色彩的运用上，可以选择一些古典的配色为茶单填色增香，比如，可以选择宋代的青瓷颜色作为茶单的底色进行设计。

第四，推陈出新，把握茶饮新形势。茶单的设计要灵活，最好能根据节令及时更新茶单。在茶单茶类品饮的摆放上，也要遵循一定的原则，可以将适合搭配的种类放在一起，方便顾客做出选择。另外，要随时把握品饮的新形势，推陈出新，将新研发的产品及时放置在茶单上。

此外，在面对顾客时，点茶师在将茶单递给顾客之前，必须保持茶单的清爽、洁净、无异味，同时，还必须熟记茶单上的内容，并能根据顾客的点茶需求，准确找到对应的点茶粉或茶叶。

（二）点茶粉的分类存储

点茶师平时需熟记茶单上产品的制作方法以及制作好的点茶粉和茶叶的分类与储藏工作。点茶师可以根据点茶粉的使用情况，分为短期内要使用的和短期内不使用的；也可以根据包装的打开情况，分为包装已打开和包装未打开的；还可以根据点茶粉的种类进行相应的分类。

点茶粉由于本身的茶叶属性，容易变质和陈化，因此，在使用完点茶粉后，要特别注意点茶粉的储存。点茶粉的储存要遵循密封、低温、避光、防潮等原则。总结起来，点茶粉的储存主要有以下五种方法。

第一，茶罐储存法。这种方法适用于短时期内会再使用到的点茶粉。选用市场上密封性好的小茶叶罐作为存储容器，使用前，检查茶罐是否洁净，要特别注意罐身和茶叶盖的接缝处是否漏气。确认没有问题后，再将干燥的点茶粉装入。这种方法的好处是简单方便，缺点是不能作为长期储存之用。点茶师可根据点茶粉的实际需要进行储存。

第二，热水瓶储存法。热水瓶由于其隔热性能，比较适合储存点茶粉。在使用热水瓶储存的时候，先要将热水瓶的瓶胆清洗干净，使之干燥。将点茶粉放入密封包装中，再装入热水瓶内，尽量装足装实，减少瓶内的空气。最后再用软木塞塞紧。必要时可以用白蜡涂抹在软木塞周围封口，再用胶布裹一圈。由于瓶内温度稳定且空气少，点茶粉可以在里面放置一段时间不变质，这种方法的好处是简单易行。

第三，陶瓷坛储存法。选用干燥、洁净的陶瓷坛，将点茶粉放入密封包装中，再放置在陶瓷坛的四角，中间放上一包生石灰，生石灰的顶部可以再放置上密封包装好的点茶粉。再用盖子盖好。生石灰可以 1~2 个月更换一次。生石灰的主要作用是吸收水分。这样的储存方式可以防止点茶粉受潮，能在较长时间内保持点茶粉的品质。

第四，低温储存法。将点茶粉密封包装后放入冰箱内保存，冰箱中的低温环境可以让点茶粉保持长时间不变质，这种方式简单易操作，是很多茶室选择的方式。但要注意的是，要防止点茶粉受潮，冰箱内还要保证没有异味。茶室可以专门配置一个用于储存点茶粉的冰箱。

第五，木炭储存法。这种方法是利用木炭的吸湿特性保存点茶粉。选用干净、干燥的木炭，用干净的布包好，放置在装有点茶粉的坛子中，再密封坛子保存点茶粉。点茶师可以根据木炭的受潮情况及时更换木炭，以保持点茶粉的品质。

点茶师可以根据茶室的实际情况，选择合适的储存方式。需要特别说明的是，要结合点茶粉的茶性来选择储存方式。如绿茶类的点茶粉，首选低温储存法，因为每次使用的点茶粉比较少，又容易受潮，建议在使用前，先取少量的点茶粉放入较小的茶罐中，使用期内从小茶罐中取用，并在较短时间内使用完。

三、点茶器具

点茶有一套独特的茶器具，北宋蔡襄在《茶录》的《论茶器》中专门介绍了茶焙、茶笼、砧椎、茶钤、茶碾、茶罗、茶盏、茶匙以及汤瓶。北宋宋徽宗赵佶在《大观茶论》专门论述了罗碾、盏、筅、瓶以及杓。南宋审安老人的《茶具图赞》以传统的白描画法描绘了十二件茶具图形，称之为“十二先生”，并按宋时官制冠以职称，赐以名、字、号，分别是：韦鸿胪（茶炉）、木待制（茶槌、茶臼）、金法曹（茶碾）、石转运（茶磨）、胡员外（杓）、罗枢密（茶罗）、宗从事（茶帚）、漆雕秘阁（盏托）、陶宝文（茶盏）、汤提点（汤瓶）、竺副帅（茶筅）、司职方（茶巾）。

现代点茶演示器具主要包括仿宋点茶器具、当代改良与创新点茶器具这两大类。点茶师应根据使用需要及场合选择点茶器具。点茶时必须使用的器具，以非遗宋代点茶的青白三品茶席为例，上面布置的点茶器为必用茶器，包括：茶合、茶匙（带架）、茶筅、汤瓶、茶盏、水盂、茶巾。其中，又以茶盏、汤瓶、茶筅最为重要。点茶时，应该使用符合 GB 14934 规定的茶具。初级点茶师需要了解点茶器具的种类和使用方法，并能在顾客提出要求的时候选择正确的点茶器具。接下来，我们介绍在当代点茶中主要的点茶器具。

（一）茶盏

茶盏，用于盛放茶汤的点茶用具。

茶盏是点茶中一件非常重要的茶器，不同材质的茶盏，对点茶效果的影响也是不同的。叶文程教授在《建窑瓷鉴定与鉴赏》一书中，将建盏的材质分为黑釉、兔毫釉、鹧鸪斑釉、毫变釉以及杂色釉。一般来说，最为点茶师喜爱的茶盏就是黑釉材质的建盏，蔡襄在《茶录》中做过这样的解释：“茶色白，宜黑盏。建安所造者绀黑，纹如兔毫，其坯微厚，熁之久热难冷，最为要用。出他处者，或薄或色紫，皆不及也。其清白盏，斗试家自不用。”说的是沫饽多呈白色，黑色的建盏更容易显色，故而更受欢迎。

建盏的器型一般分为束口、敛口、撇口和敞口。束口盏较为适合点茶，也成为当代点茶中经常使用的主要器型。宋徽宗在《大观茶论》中写道：“底必差深而微宽，底深则茶直立，易于取乳；宽则运筅旋彻，不碍击拂。然须度茶之多少，用盏之大小。盏高茶少，则掩蔽茶色；茶多盏小，则受汤不尽。盏惟热，则茶发立耐久。”书中指出，盏底一定要稍深，面积微宽。盏底深，便于茶即时生发，而且容易翻出白色汤花；盏底宽，在方便使用茶筅用力击拂茶汤。

初级点茶师要学会根据点茶使用的需要及场合选择茶盏。此外，与茶盏相配的还有盏托，盏托的作用是放置茶盏，起到防烫、隔污的作用，更有尊重之意。

（二）汤瓶

“近世瀹茶，鲜以鼎镬，用瓶煮水。”这是宋人罗大经在《鹤林玉露》中的描述。这里的瓶指的就是汤瓶，汤瓶是点茶活动中必不可少的一件器具。汤瓶的主要作用就是用来烧水，水开后把水注入茶盏中点茶。因为汤瓶的瓶身修长，把手在瓶身的肩部，提壶倒水的时候，水流斜长有力，曲度合适，非常符合点茶的要求。点茶师要了解汤瓶的特点，学会单手、双手执瓶注水，并控制水的流量、方向、速度和力度，使注出的水在盏中和点茶粉完美融合，而且还要做到尽量不消损沫饽，完成点茶活动。此外，点茶师还要时常清洗、检查以及养护汤瓶。

（三）茶筅

茶筅，是用竹子制成的一端多穗、另一端平整的点茶工具。茶筅是点茶活动中的重要工具，一般由竹子制成，将竹条剖开成为细竹丝，系成一束，其形状分为平行分须和圆形分须两种。点茶师将点茶粉置入盏内，执瓶注入沸水，再用茶筅快速击拂。宋徽宗在《大观茶论》中对茶筅做了说明：“茶筅以箸竹老者为之。身欲厚重，筅欲疏动，本欲壮而末必眇，当如剑脊之状。盖身厚重，则操之有力而易于运用。筅疏劲如剑脊，则击拂虽过而浮沫不生。”作为一种点茶工具，茶筅可以在击拂茶汤，使茶汤水乳交融的同时，疏理汤纹，增加茶汤的美感，使其更具视觉审美效果。

茶筅在使用后，应该用清洁的水将其清洗干净，放置在茶筅立中干燥、定型，以便再次使用。点茶师要了解茶筅的使用方法，学会清洁和养护茶筅。

（四）茶匙

茶匙是一种比较小的勺子，主要是点茶时量取点茶粉之用，还可击拂茶汤、进行茶百戏。茶匙有材质上的差别，有金茶匙、银茶匙、铁茶匙、竹茶匙等。古人用茶匙除了量取茶粉外，还可以用来击拂茶汤，所以提倡使用金属茶匙。蔡襄的《茶录》中对茶匙有这样的表述：“茶匙要重，击拂有力，黄金为上，人间以银、铁为之。竹者轻，建茶不取。”当代的击拂茶器主要是茶筅，茶匙主要用于量取点茶粉，竹制的茶匙成为主流。

（五）其他茶器具

茶炉：烧茶水的炉子，在当代的点茶活动中，多用电茶炉代替传统的炭火茶炉。炙茶使用的炉子，则以传统茶炉为主或使用酒精、蜡烛、炭等温茶炉代替。

茶臼：用于研磨茶叶的茶具，多为钵形或臼型。

茶磨：又名石转运，是小型石磨，将茶研磨为茶粉的茶具。

茶帚：又名宗从事，手持一端长柄，另一端帚状用于收集、转移、清扫茶粉的茶具。古代多以棕丝做成，现代多用兽毛或化学纤维制成。

茶罗：用于筛选点茶粉的筛子。

茶盒：又名茶罂、茶仓、点茶粉罐，用于盛放点茶粉的容器。

水盂：用来暂时放置点茶过程中产生的废水，也有装饰的作用。

茶巾：又名司职方，放置在茶席上的布，用来保持茶器和桌面的清洁，也可辅助拿取茶器。

铺垫：铺放在茶桌或地上，部分器物放置于其上，避免直接接触茶桌或地面，可用布、竹等材料制作。

四、备水、烧水

（一）备水

点茶师在准备点茶之前要准备好水。“器为茶之父，水为茶之母”，这句话表达的是点茶器具和水对点茶的重要影响。陆羽在《茶经》中就曾明确提出了水质对茶汤产生影响，对此，他提出“山水上，江水中，井水下”的区分标准，这与今人选水泡茶的理念不谋而合。明代茶人在陆羽的基础上，总结沏茶用水的标准为：清、活、甘、洌、轻。“清”指的是水质清澈，“活”指的是活水，“甘”指的是水质甘甜，“洌”指的是水有清凉之感，“轻”指的是水质轻盈。

在所有的点茶用水中，最好的是泉水、天落水。泉水出自岩石重叠的山峦，山上植被茂密，环境清幽，流经的水经过砂石的过滤，水质清澈，富含各种矿物质，且污染少。我国的泉水资源丰富，有名的泉水有一百余处，其中镇江中泠泉、无锡惠山泉、苏州观音泉、杭州虎跑泉、济南趵突泉被誉为中国五大名泉。泉水最适合用来点茶的水，当然也有极个别的泉水并不适合点茶，点茶师可以根据实际情况选择合适的泉水。

天落水指的是收集雨、雪、露、霜形成的水，这些水也被称为“灵水”“天水”或“无根水”，天水用来沏茶备受古人推崇。尤其是雪水，古人敲冰扫雪煮茶已经成佳话。而雨水中，一般认为秋天的雨水最佳，因为秋高气爽，空气中的灰尘较少，收集起来的雨水比较“清冽”。但是要注意的是，随着近些年环境的污染，天落水也受到了一定程度的污染。点茶师在收集天落水的时候，最好到森林覆盖率高、空气清新、环境好的地方收集。收集后，要注意测量这些水是否达到饮用标准。

江、河、湖水等属于地面水，受人们生产生活的影响，通常含有较高的杂质，不适合沏茶。因此，如果选择江、河、湖水，最好选择远离人烟的地方。那里的水受人类活动的影响小，水质更清澈。井水属于地下水，容易受到污染，是比江、河、湖水更次一级的水，用来沏茶的话，会影响茶的香气。如果一定选择井水的话，可以选择使用人数较多的井里的水。

城市中的自来水大多含有用来消毒的氯气，有些水在水管中停留的时间较长，因此含有铁质，这样的水不建议直接用来沏茶，会对茶的香气产生很大的影响。如果要使用自来水作为点茶用水，最好是将自来水在容器中先放置一段时间，等到氯气散去后再用来点茶。或者也使用净水器等设备将水过滤一遍，再作为点茶用水。

（二）烧水

在准备水的过程中，我们一定要注意卫生，避免使水受到污染。初级点茶师要学会根据顾客的需求，将特定的点茶用水放置在烧水器具中，等候烧水。

点茶师要学会选择和使用烧水器具。古代是在汤瓶等茶器中注入清水，再放置在茶炉中煎水，水沸后使用。随着时代的发展，现在大多数是使用电茶壶烧水，水沸后注入汤瓶中使用。

点茶师要注意电器的用电安全，不要用湿手接触开关、电源等。水沸后，如用汤瓶直接煮水，则要将汤瓶放置在安全处；如是用电茶壶煮水，再将水灌入汤瓶中时要注意安全，避免将沸水洒出来造成烫伤和弄脏桌面。

第二节 品饮点茶

准备好点茶的器具之后，接下来就可以开始点茶了。初级点茶师需要学会的是“茶汤点茶法”和“三汤点茶法”。在点茶时，点茶师要掌握好点茶时茶水的比例、水温以及点茶的操作步骤，了解如何使用点茶器具点茶，能向顾客介绍点茶的品饮方法。如果要做到这些，就需要点茶师掌握点茶相关的基础知识。接下来以“茶汤点茶法”和“三汤点茶法”为例介绍点茶中茶水的比例、水温、点茶操作步骤、点茶基础知识等内容。

一、茶汤点茶法

茶汤点茶法的原料很丰富，包括绿茶、白茶、黄茶、青茶、红茶、黑茶以及再加工茶等，这些都可以用来点茶。点茶时用到的器具包括泡茶器、茶盏、茶筅等其他点茶用具。茶汤点茶法主要有六个步骤。

第一，洗茶器。用清水将所需茶器清洗干净，放在一旁备用。正式开始点茶前，对需要的茶器进行温杯洁具。

第二，泡茶汤。量取茶叶放入泡茶器中，根据选用的茶叶，选择泡茶器，并根据茶叶确定茶水的比例、水温、泡茶时长，做到“见茶泡茶”。明人张大复在《梅花草堂笔谈》中说道：“十分茶七分水；茶性必发于水，八分之茶遇十分之水亦十分矣；十分之茶遇八分水亦八分耶。”这说明了水的重要性。在泡茶时，要注意三点。首先，选用的茶水必须是洁净的、与茶叶气质匹配的好水；其次，泡茶时，水必须根据茶叶确定温度；最后，视茶叶的种类和个人的喜好配比茶叶和水。一般选用第二汤，浓度比平时品饮略浓一些。也可以选用煮的茶汤，效果更好。

第三，注茶汤。将泡好的茶汤注入茶盏中。注入容量为整个茶碗的四分之一为宜。可以更少，但要能够运筅；也可以更多，但要在运筅时茶汤不容易溅出茶碗。

第四，点茶汤。用茶筅击拂茶汤点茶。将筅放入茶汤中，快速移动。移动方式可以前后滑动；画 W 或 N 或 Z 等；也可以画同心圆。直至出现大量沫饽。最后可以通过画圆的方式让沫饽更细腻，汤面更平滑，沫饽更凝结。

第五，品茶汤。刚点好的茶汤分发给顾客，邀请顾客品鉴茶汤。指导顾客品鉴茶汤，主要的方法步骤包括看汤色，嗅香气及尝滋味这三步。

看汤色，通过颜色的种类、深浅、明暗、清浊等来判断茶汤的品质；通过沫饽是否白、密、凝、丰富、持久来判断茶的品质与点茶师技艺的高低。

嗅香气，嗅香气又分为热嗅、温嗅、冷嗅等。热嗅时辨别是否有异味、是否纯正；温嗅时辨别茶香类型与茶的品质；冷嗅时判断茶香是否持久。

尝滋味，即品尝茶汤的滋味，茶汤的温度以40~60摄氏度为宜。

第六，斗茶汤。品鉴标准包括九方面。健康，必须符合品饮的各类食品级标准；沫饽颜色，优先等级为纯白、青白、灰白、黄白、红白、褐白，要注意，不带任何白色的不是点茶汤；沫饽量，优先等级为汹涌、多、一般、少、无；沫饽粗细，优先等级为粥面、浚霭、轻云、蟹眼、无；沫饽消散，优先等级为咬盏不散（放置半天以上）、咬盏慢散、慢散、持续散、速散；香，优先等级为真香、纯正、平正、欠纯、劣异；味，优先等级为甘香重滑、醇正、平和、粗味、劣异；仪容仪表，优先等级为好、较好、正确、较差（少处错）、差（多处错）；礼仪，优先等级为好、较好、正确、较差（少处错）、差（多处错）。

二、三汤点茶法

三汤点茶法较茶汤点茶法复杂，类似七汤点茶法，但难度又远远小于七汤点茶法，主要用到点茶粉、茶盏、茶筅、汤瓶、茶匙（带架）等。其重要步骤分为六步。

第一，洁器。用清水将所需茶器清洗干净，放在一旁备用。

第二，调膏，此为一汤。将点茶粉置入茶盏中，先加入一定的沸水将茶粉调成膏状。当膏呈黏稠状就表示调膏这一步完成了。一般来说，茶盏以建盏为佳，参考器型为束口盏，口径12.5厘米，高度7.5厘米，容量300~360毫升。

第三，注汤、击拂，此为二汤。用汤瓶在茶盏中注入沸水，注汤时，落水点要准，不要破坏茶面。这一步参考注汤量在30~50毫升。注汤后，要不停地用茶筅击拂茶汤，使其产生沫饽，即击拂茶汤。

第四，再注汤、击拂，此为三汤。再用汤瓶在茶盏中注汤，再次不停地用茶筅击拂茶汤，这一步参考注汤量控制在25~45毫升，将参考总注水量控制在60~100毫升之间。

第五，品茶。将茶汤分给顾客评鉴，评鉴方法与茶汤点茶法中介绍的相似，也是通过看汤色、嗅香气、尝滋味的方式评鉴茶汤。

第六，斗茶汤。品鉴标准和茶汤点茶法一样，也是从健康、沫饽色、沫饽量、沫饽粗细、沫饽消散、茶汤色、香气、滋味、仪容仪表、礼仪等方面进行评判。

第三章 初级点茶师的茶间服务

提供点茶服务后，点茶师紧接着就要为顾客提供茶间服务。茶间服务，顾名思义，就是在点茶活动间隙提供的服务。茶间服务相对点茶服务更随意，也更轻松，主要针对顾客的需求，结合点茶文化，向其推荐茶饮和销售茶品等。值得注意的是，点茶师在这个过程中不可急于求成，把自己变成简单机械的推销员，而是要以丰富的点茶知识作为基础，向顾客提供他所需要的服务。点茶师既可以像朋友一样给予顾客在饮茶上的建议，也可以像专业人士一样为顾客提供茶饮指导。接下来，我们将从“茶饮推介”和“茶品销售”两个方面介绍茶间服务。

第一节 茶饮推介

在茶饮推介这个环节，初级点茶师需要掌握的技能包括：

能运用交谈礼仪与宾客沟通，有效了解宾客需求；

能根据点茶原料特性推荐茶饮。

为此，初级点茶师还需要掌握这些知识：

交谈礼仪规范及沟通艺术；

点茶原料成分与特性基本知识。

为了更好地帮助初级点茶师掌握这些技能和知识，接下来会从以下四个方面进行介绍。

一、交谈礼仪规范及沟通艺术

点茶师在向顾客推荐茶饮的时候，要注意交谈礼仪和沟通艺术，避免与顾客造成不愉快或发生争吵，从而影响推荐质量。

在推荐茶饮前，点茶师可以先就顾客的基本情况，对其需求做简单的分析。一般来说，顾客可以分为三种。

第一种顾客，初次接触点茶，对点茶有着浓厚的兴趣，但对点茶完全不了解。这时，点茶师可以向顾客推荐实惠的经典入门款，让他对点茶有大概的了解，在之后的点茶活动中，点茶师可以与其增加互动。比如拿起一件器物，向他介绍这件器物的历史典故、在点茶中的主要作用等。这样既推介了茶饮，又向顾客普及了点茶文化知识，让他的好奇心得到了满足。

第二种顾客，对点茶有一定的了解，也是茶室的常客。这类顾客有一定的点茶消费体验，清楚点茶的基本流程和知识，他们一般对价格不是特别敏感，更在乎感受和体验。这时，点茶师可以根据这些顾客的消费喜好，推荐其喜爱的茶饮或可能喜欢的新上市的产品。在为顾客备茶的过程中，还可与他进行朋友式的对话，收集他关于茶馆的建议，以便下次改进。

第三种顾客，由朋友带来，对点茶不了解，也没有展现出兴趣的顾客。对于这类顾客，点茶师可以从其朋友入手，推荐一款大众都喜欢的茶饮，在提供服务的过程中，不要急于求成，可以等待其主动发问，再就他的问题介绍相关的历史知识，使其对点茶发生兴趣。

点茶师在与顾客的沟通过程中要注意交谈礼仪规范和沟通艺术，注意使用礼貌用语，给顾客留下好的印象。沟通过程中需要注意三个方面。

第一，态度诚恳。态度诚恳指的是点茶师在与顾客交谈的时候，首先要有端正的态度。诚恳的态度会给人以好感，对你产生信任，从而达成交易。所以，点茶师在与顾客沟通的时候，一定要注意言语不可太过夸张，要用诚恳的态度，赢得顾客的信任。

第二，措辞文雅。点茶活动有着深厚的历史文化积淀，点茶师文雅的措辞会为点茶活动增加美感。与顾客沟通时要使用敬辞，对自己要使用谦辞。还要注意使用礼貌用语，如，谢谢、请、您等。

第三，尊重异性。如遇到异性顾客，点茶师在与之交谈时要特别注意言辞，一些敏感和禁忌的话题如年龄、收入、体重、身高等不要触及。

二、茶饮推荐的原则

点茶师推荐茶饮要遵循一定的原则，不可随心所欲随意推荐。一般来说，点茶师在推荐茶饮时，可遵循四个原则。

第一，健康原则。即推荐的茶饮是健康的，这要从两方面入手，一方面，保证茶饮的健康卫生，点茶师在制作茶饮时要选用质量有保证的原材料，在制作过程中工艺手法要到位，使茶汤符合饮用标准，没有受到二次污染。另一方面，要根据顾客的实际情况推荐茶饮，有些顾客不适合饮用绿茶，就不应该推荐含绿茶成分的茶饮；有些顾客不适合饮用普洱生茶，含普洱生茶成分的茶饮就不能推荐给他。

第二，喜好原则。这是推荐茶饮时最基本的一个原则，即根据顾客的喜好推荐茶饮，只有顾客喜欢、接受的茶饮，才有推荐的必要。如果将一款顾客已经明确表示不喜欢的茶饮推荐给他，这是徒劳的，也违背了点茶师工作的原则。

第三，应景原则。茶饮讲究与环境相映衬，如春夏秋冬、天晴下雨。随着季节与气候的不同，人们对茶饮的需求也不同。比如，上午时，可以推荐顾客选择红茶，因为红茶性温，人体在经过一夜的新陈代谢后，喝一杯红茶既可以补充水分，又可以促进血液循环，对身体有很大的好处，但是注意提醒顾客不要空腹饮用；下午可以推荐绿茶，因为下午容易犯困，清新的绿茶可以提神醒脑；晚上可以推荐黑茶，忙碌一天后，胃里堆积了不少没有消化完的食物，黑茶能促进消化，如果觉得黑茶过于浓烈影响睡眠，还可以选择老白茶。

第四，效益原则。运营茶室的主要目的是盈利，所以点茶师在向顾客推荐茶饮的时候，还要考虑效益原则。比如，在顾客能承受的范围内，尽量推荐品质高、效益好的茶饮。不过点茶师不能将效益原则作为唯一原则，这样会影响顾客的消费体验。

三、茶饮与健康

茶叶中含有丰富的营养物质，正是由于它们的存在，才保证了茶叶的保健作用，也保证了茶汤的色、香、味，使点茶这一活动成为可能，从而受到无数文人雅士的追捧。茶饮与健康息息相关，初级点茶师要了解茶叶中的有效成分，还要充分认识并不是所有人群都合适饮茶，也不是所有的茶饮都能提供给顾客饮用，这样，才能更好地为顾客服务。为此，初级点茶师要掌握茶饮与健康的相关知识。

（一）茶叶中的有效成分

科学研究表明，每人每天需要补充 1.6~2.5 升的水分，这些水分中，茶水只占一部分，我们并不能用喝茶来完全代替喝水。茶叶中含有丰富的营养物质，这些物质对人体的健康有着非常重要的作用，初级点茶师要了解这些有效成分，清楚这些有效成分的作用，才能在面对顾客的提问时游刃有余，也才能为顾客推荐合适的茶饮。茶叶中的成分有几百种，其中最为人所称道以及发挥作用最大的是下面这六类物质。

第一，咖啡碱。咖啡碱是一种生物碱，主要从茶叶和咖啡果中提取，具有兴奋神经和消除疲劳的作用。茶叶中的咖啡碱含量很高，一杯 150 毫升的茶汤中含有约 40 毫克咖啡碱。人们常说喝茶有提神的作用，就是咖啡碱在起作用。

第二，多酚类化合物。这是茶叶中的主要活性成分，我们常说茶叶具有防止血管硬化、防止动脉粥样硬化、降血脂、消炎抑菌、防辐射、抗癌等作用，就是多酚类化合物在起作用。茶叶中的多酚类化合物主要包括儿茶素类、黄酮醇类化合物、花白素和酚酸等，其中儿茶素类化合物含量最高，约占茶多酚化合物总量的 70%。儿茶素类化合物俗称茶单宁，是茶叶中特有成分，主要包括表儿茶素（简称 EC）、表没食子儿茶素（简称 EGC）、表儿茶素没食子酸酯（简称 ECG）和表没食子儿茶素没食子酸酯（简称 EGCG）。

第三，维生素。维生素在茶叶中的含量也非常丰富。茶叶中的维生素 C 含量甚至高于柠檬、番茄、菠萝、橘子等水果。维生素 B 族的种类和含量都很多，包括维生素 B1、维生素 B2、维生素 B3、维生素 B5、维生素 B7、维生素 B9 等。此外还含有 α－胡萝卜素和 β－胡萝卜素这些具有维生素 A 效果的物质，也包括具有维生素 E 作用的 α－生育酚、维生素 K 等。其中维生素 K 可以促进肝脏合成凝血素，成年人每天饮用五杯茶即可满足人体的需要。

第四，矿质元素。茶叶中含有丰富的矿质元素，其中大多对人体健康有利，如磷、钾、钙、镁、锰、铝、硫、氟等。茶叶中的氟含量也很高，远远高于其他植物，因为氟对预防龋齿和老年骨质疏松有明显效果，所以人们利用茶叶的这一特性，提取氟制作成牙膏。茶叶中的锰具有抗氧化和增强免疫的功能，而且还有助于钙的吸收利用。然而锰无法在热水中溶解，适合制成点茶粉饮用，这与点茶的工艺不谋而合。

第五，氨基酸。茶叶中含有丰富的氨基酸，已经发现的就有二十多种，氨基酸是人体必需的营养成分，多喝茶有利于补充体内的氨基酸。

第六，其他活性成分。茶叶中的其他活性成分虽然含量不高，但却有独特的价值。比如，茶叶中的脂多糖具有防辐射和增加白细胞数量的功效；茶叶中几种多糖的复合物以及茶叶脂质组分中的二苯胺，具有降血糖的功效。

（二）不适合饮茶的人群

初级点茶师要记住不适合饮茶的人群，不宜向这些人推荐茶饮。此外，了解不适合饮茶的人群有哪些，也便于点茶师在遇到特殊状况的时候能做出正确的判断。

不宜向孕妇推荐浓茶。由于浓茶中含有大量茶多酚、咖啡碱等不利于胎儿成长的元素，点茶师不宜向孕妇推荐浓茶，但可以向其推荐不含茶叶的饮料，如果汁等。

不宜向哺乳期的妇女推荐浓茶。妇女在哺乳期喝浓茶，分泌的乳汁中会含有大量的咖啡碱，婴儿吃了含有咖啡碱的乳汁后，容易兴奋，从而影响睡眠。

身体不适者，应该谨遵医嘱，不要饮茶。如缺铁性贫血患者、神经衰弱者、慢性胃溃疡患者、泌尿系统结石患者、肝功能不良患者、便秘者、心脏病患者、醉酒者，等等。茶叶中的咖啡碱、鞣酸、草酸等会对这些疾病产生不利的影响，不利于人体的健康。因此，点茶师不宜向这些患者推荐含茶的饮品。

（三）喝茶的禁忌

初级点茶师要了解喝茶的禁忌，以便更好地向顾客推荐茶饮。一般来说，喝茶的禁忌主要包含以下六个方面。

第一，新茶忌急饮。虽然大多数品种的茶叶，新茶的品质和营养成分都高于陈茶，但是过于新的茶叶，并不适合立即饮用。这里的新茶指的是摘下来不足一个月的茶叶。很多人在饮用新茶后会产生“醉茶综合征”，症状包括头晕失眠、四肢无力、胃痛腹胀、便秘等。这是因为新茶中含有较高的咖啡碱、活性生物碱、多酚类物质、醇类物质、醛类物质等。人们饮用新茶后，容易兴奋，对胃黏膜的刺激也很强，故而容易发生“醉茶综合征”。

因此，新的茶叶不要急于饮用，最好放置半个月以上再饮用。这样就可以避免“醉茶综合征”的发生。这就要求初级点茶师必须了解茶室中各种点茶粉和茶叶的生产日期。新的茶叶，最好放置一段时间，等多酚类物质、醇类物质、醛类物质等被完全氧化，再提供给顾客饮用，以避免顾客出现上述症状。

第二，忌饮茶解酒。李时珍在《本草纲目》中曾对酒后饮茶的危害做过说明：“酒后饮茶伤肾，腰腿坠重，膀胱冷痛，兼患痰饮水肿，消渴挛痛之疾。”现代医学也证实，酒后饮茶会加重肾脏的负担，对肾脏造成不良影响。因此，酒后不宜饮茶，特别是浓茶。点茶师在实际的工作中，如遇到想用茶饮解酒的顾客，要及时做好沟通和调节，可以引导顾客用醋、果汁或糖水等解酒，避免发生不愉快。

第三，饭前、饭后忌饮茶。饭前、饭后饮茶，茶汤会冲淡胃液，影响消化，造成便秘等情况。此外，如果空腹饮浓茶，还容易造成头晕、心悸、心烦的现象。因此，饭前、饭后20分钟内不要饮茶。在饭后一小时左右可以适当饮些淡茶，忌空腹饮浓茶。点茶师要掌握这一知识，当顾客疑惑时，可以给予解答。

第四，忌用茶汤服药。俗话说，“茶叶水解药”，指的就是不要用茶汤服药。因为药物中成分含量复杂，容易与茶汤中的某些物质起反应，从而影响药效。药物的种类繁多，虽然并不是所有的药物在用茶汤服用后都会影响其药效，有些甚至会因茶汤而增强药效。但是在茶室中，如果遇到顾客服药，点茶师不可以引导其用茶汤服药，而是为其备好清水。

第五，忌饮隔夜茶。茶饮放置的时间过长，不仅营养成分容易丢失，而且容易氧化变质，引发微生物繁殖，喝入后，容易引发腹泻等情况。因此，无论多么优质的茶汤，放置的时间过长，都不宜再饮用。在这里要注意的是，隔夜茶不仅指隔了一夜的茶，还表示放置时间过长的茶，如一碗茶汤是早上 9 点制作好的，那么到晚上 9 点左右，也可视其为隔夜茶，因此不能再饮用。

点茶师要注意做好茶汤的管理，茶室中茶汤的饮用时间应该比“隔夜”更为严格，一般都是现饮现做，除了一些含有特殊工艺的茶，不可将放置一段时间的茶饮销售给顾客。

第六，茶叶或点茶粉收藏忌异味。茶叶或点茶粉在与一些有异味的物品，如香皂、葱、香菜等物品接触后，很容易吸附它们的味道，从而使自身变得有异味。当茶叶或点茶粉有异味后，制作出的茶饮原有的清香就会被破坏。点茶师要了解茶叶或点茶粉的这种特性，要学会正确的收藏方法。

点茶师首先必须保证存储容器的清洁无味，其次要保证储存空间的清洁无味，严禁将有异味的物品放入储存空间中。以冰箱为例，茶室应该单独购置一台冰箱用来储存茶叶或点茶粉，冰箱中严禁放置其他物品，特别是有异味的物品。平时还要经常清洗擦拭冰箱。当冰箱中有异味时，可以把茶叶或者使用过的茶叶放置冰箱中去除异味。

第二节　茶品销售

除了以上的基础知识外，初级点茶师还应该掌握基本的茶饮销售技能，主要包括：

能向宾客销售点茶原料；

能向宾客销售基本点茶器具；

能完成点茶原料、点茶器具的包装；

能承担售后服务。

同时还要掌握这些知识：

点茶原料销售基本知识；

点茶器具销售基本知识；

点茶原料、点茶器具包装知识；

售后服务知识。

一、包装

（一）点茶粉的包装

包装的主要目的是保护点茶粉，按照规格来分，可以分为大包装和小包装。大包装的主要作用是运输包装，又称外包装；而小包装的主要作用是销售包装，又称内包装。我们从以下三个方面来介绍包装。

第一，外包装。点茶粉的外包装主要有箱装、袋装、篓装三种。箱装中的箱子又分为木板箱、胶合板箱、纸板箱。在用箱子包装时，一般先用铝纸罐或者塑料袋对点茶粉进行一次包装，再放入箱内，以防受潮。袋装中的包装袋又分为麻袋内衬塑料袋、麻袋涂塑和塑料编织袋这几种。最近市场上还出现了纸袋包装，有取代纸箱包装的趋势。纸袋包装主要采用2~3层牛皮纸盒以及1~2层聚乙稀薄膜复合而成，再经过特殊工艺处理，增加了纸袋的抗压、防潮性能。篓装采用的是用竹篾编成的篓子来包装。

第二，内包装。内包装的材料多种多样，主要目的都是防潮、避光、防异味、抗压等作用。材料包括白铁皮、纸张、纸板、塑料、玻璃、陶瓷等。目前市场上主要有罐装与袋装两种。罐装的优势包括高阻隔性能、优良的机械性能、容器成型加工工艺性好、良好的耐高低温性、导热性及耐热冲击性、包装表面装饰性好、包装废弃物易回收处理等；同时，罐装具有化学稳定性差、不耐酸碱腐蚀、金属离子易析出等缺点，从而影响茶叶的功效，这在一定程度上限制了它的使用范围。袋装具有质轻、机械性能好、适宜的阻隔性和渗透性、化学稳定性好、光学性能优良、卫生性良好、良好的加工性能和装饰性能等优点；同样，袋装也存在封口不良、夹粉、容易产生异味等问题。

第三，包装操作技术。有三点需要注意：其一，保持包装环境的干燥。点茶粉的吸湿性很强，暴露在潮湿的环境中，很快就会吸收水分从而受潮变质。点茶师在包装点茶粉的时候，一定要处于相对密闭的、干燥的环境中，必要时可以采用吸湿设备降低包装空间中的湿度。这样既可以减少点茶粉的湿度，也可以保留点茶粉的香气。其二，尽量缩短包装时间。点茶师在包装点茶粉的时候，一定要严格遵守操作规范，动作迅速，减少点茶粉在空气中暴露的时间。其三，注意包装外观的美化。由于小包装的点茶粉是直接送到顾客的手中，所以要注意包装外观的美化以吸引顾客，从而提升顾客的购买欲。茶室可以专门定制印有自己标志的包装袋，并对包装袋的图案进行适当的设计，增加其文化感和美观度。顾客带着包装好的点茶粉出门，就是最好的宣传。

（二）点茶器的包装

点茶器多为易碎的陶瓷制品，在包装的过程中，主要用到发泡塑料布、胶带、点茶器外包装盒、硬泡沫板等材料，点茶师在包装时要注意以下四点。

第一，先用发泡塑料布把点茶器完整地包好，不要露出边角，再用胶布把整个点茶器缠好。

第二，尽量保持点茶器直立，并用硬泡沫板将点茶器固定在包装盒中，避免来回摇晃打碎点茶器。

第三，将外包装盒用胶带封好，再贴上易碎的标签。

第四，将包装好的点茶器双手递给顾客，并告知客户轻拿轻放。

二、销售

茶品的销售和其他商品的销售有相似之处，但也有不同之处。相同的是都需要将商品销售给顾客，并获得收益。不同的是，茶品是文化属性很高的商品，点茶师在销售茶品时，除了方式方法，还要注意自身的茶文化素养。不可过于冒进或功利，要在润物细无声中将商品推销出去。

初级点茶师在销售茶品的时候，要掌握推荐五步法，即“了解需求、消除戒备、抓住需求、满足需求、成交”。

（一）了解需求

销售最关键的是了解顾客的需求，只有建立在顾客需求上的推销才是有效推销。对于茶品销售来说，也是一样的。顾客的需求多种多样，点茶师首先要分析顾客的需求。只有了解他们背后的各种需求，才能“对症下药”，精准推销。一般来说，顾客的需求可以分为以下八种。

第一，习俗需求。指的是顾客因为习俗而购买茶品。对此，点茶师需要了解关于茶的习俗，尤其是当地的习俗，这样才能更好地推销茶品。比如，自古以来，婚礼就和茶有着密切的关系。早在唐代，茶就是婚礼上不可或缺的一部分。到宋代时，茶更是普遍贯穿到婚姻的各个环节中，并有特定的礼制。到了元明时期，茶礼更成了婚礼的代名词。到了清代，更有“好女不吃两家茶”的说法。在现代婚礼仪式上，新人敬茶也是必不可少的环节。点茶师可以根据这种习俗需求，为顾客推荐适合在婚礼上使用的茶品，尤其是点茶更符合古风婚礼的习俗。

第二，同步需求。这种需求一般指的是顾客受到周围同事或者亲戚朋友的影响，也喜欢上了点茶，从而选择相关的茶品。一般来说，这样的顾客目的性很强，会直接指出自己需要的茶品，但同时对茶品又不甚了解。针对这类顾客，点茶师可以先为顾客找到他需要的茶品，在了解情况后，再根据他的具体爱好和特征，优化选择，为其推荐更适合的茶品。

第三，心理需求。有些顾客会在饮茶方式的选择上人为设置“鄙视链”，将点茶看成一种优越身份的象征。这类顾客一般对点茶有一定的认识，对相关茶品的认可度非常高，愿意接受品质更好、价格更高的茶品。对于这样的顾客，点茶师在与其谈论点茶文化的同时，可以为其推荐一些品质更高、更有品鉴价值的茶品，以满足他的心理需求。

第四，趋美需求。有些顾客来到茶室后，会被点茶的意境、古朴的器物、精美的包装所吸引，从而有意向购买茶品。事实上，点茶也是一种艺术，当顾客被点茶之美吸引时，点茶师可以就此向顾客推荐茶品或介绍点茶文化，使顾客在被宋代美学吸引的同时，也被点茶艺术所折服，从而选购产品。此外，点茶师也可以依据顾客的文化素养，推荐一些他可能会喜欢的茶品以满足他的趋美需求。一般来说，这样的顾客虽然对点茶了解不多，但是非常有意愿进行深入了解。点茶师可以根据这些特征对其进行推销。

第五，选价需求。有些顾客在选购茶品的时候，更看重茶品的性价比，点茶师可以根据其需求，为其挑选一两款性价比高的茶品供其选择。

第六，新奇需求。一些顾客被点茶的独特形式和一些点茶器的独特造型吸引，从而对点茶产生好奇，也想自己尝试点茶。这时候，点茶师可以推荐一些基础入门的点茶器具和点茶粉。并告知顾客一些基本的操作方式和点茶的基本礼仪，以加深其兴趣。

第七，惠顾需求。惠顾需求指的是顾客被商品的优惠价格或者优惠活动所吸引，从而产生购买需求。针对这种顾客的时候，点茶师可以投其所好，将适合他的茶品推荐给他。

第八，求名需求。求名需求指的是顾客被茶品的品牌或者高端的包装所吸引，从而产生购买欲望。这种需求也从反向论证了茶品品牌的重要性，点茶师要做好茶室的品牌管理，使自己的品牌受到更多人的欢迎，这样就会有更多人愿意进行选购。

（二）消除戒备

点茶师在了解顾客的需求后，可以推进销售的第二步——消除戒备。一般来说，顾客天然地对销售人员有一定的戒备心理，认为销售会向其推荐一些又贵又差的产品，并且认为销售人员都“巧舌如簧”“不安好心”。点茶师要想顺利地向顾客推销茶品，就得消除顾客的这种戒备心理，给顾客留下好的印象。

点茶师可以用三个步骤消除顾客的戒备心理。首先，可以使用赞扬的话术拉近距离。比如，当顾客表现出对点茶感兴趣时，可以称赞他的品位，再顺着这个话题介绍一些相关的点茶文化知识。其次，可以通过与顾客之间的联系拉近距离。找到与顾客之间的联系，就相当于找到了话题的切入点，由这个切入点进入话题，会让顾客感到亲切，从而消除两人之间的距离感。比如，可以通过顾客的口音判断他的家乡，如果正是你熟悉的地方或者也是你的家乡，就可以以此为话题切入，拉近彼此间的距离。最后，用专业的知识和服务征服顾客，事实上，顾客并不害怕销售向他推荐，他们担心的是带有目的的，为了利益“不可靠”的推荐。如果点茶师在与顾客交谈的时候，能用专业的服务和知识征服顾客，那么顾客一定会参考你的意见。

（三）抓住需求

在消除客户的戒备后，点茶师就需要抓住客户的主要需求，进行适合的推销。客户的强烈需求主要包括：不知如何挑选、怕买不到、第一次购买无从下手，等等。对此，点茶师可以用以下六种技巧抓住客户的关键需求，帮助其尽快做出正确的选择。

第一，二选其一。当顾客在经过长时间的了解后，仍然犹豫不决，难以做出选择时，点茶师可以以“二选一”的方式引导顾客做出选择。比如，“您选这种点茶粉还是那种点茶粉”“点茶器周一还是周二送到您家更方便”，通常情况下，如果顾客本身有购买的意向，二选其一的方式能帮助他快速做出决定，从而促成交易。

第二，帮助挑选。有些顾客喜欢货比三家，即使有很强烈的购买意向，也不喜欢一下子就做好决定，仍想再挑挑看。这时，点茶师不可冒进催促顾客完成订单，而是帮助其挑选，解决其在品类、样式、规格等方面的问题，当他的问题都得到解答后，也就能达成交易了。

第三，“怕买不到”心理。利用“怕买不到”心理对顾客进行推销，这种方式也可以叫作饥饿营销。对于越买不到或者越得不到的商品，人们往往越想买到或者得到。点茶师就可以根据顾客的这种心理进行推销。比如，“这种点茶粉只有最后两袋了，卖完就不再进货了。”“今天是活动的最后一天了，一定要抓住机会啊。”

第四，买一次试试。很多顾客对点茶并不了解，可能出于好奇或者被朋友带过来看看。这时候点茶师可以推荐规格小、价位低的茶品给顾客，让他买一次试试，如果满意可以再回头购买。这种以退为进的推销方式，也可以促使顾客后期产生更大的订单。

第五，反问式的回答。反问式的回答主要用在不能向顾客提供他寻找的产品时，用反问式的回答引导他选择另一种产品。比如，当顾客询问有没有某种点茶粉，如果没有，点茶师可以这样回答：“抱歉，我们没有这种点茶粉，但是我们有口感和品质都非常相似的另一种点茶粉，您要不要试试看呢？”

第六，态度谦虚。有时候，当用尽一切办法，还是没能促成交易，这时，不妨试试“态度谦虚”这个方法。比如，可以这样对顾客说：“王总，虽然我知道我们的产品很棒，也很适合您，但可能是我的能力太差了，没法提供让您满意的服务，没法说服您，您能帮我指出不足，让我有个改进的机会吗？”这种谦虚的态度一般都能满足顾客的虚荣心，从而消除彼此之间的对抗情绪。在他给你鼓励的同时，也许会使你获得意外的订单。

（四）满足需求

点茶师可以根据顾客的特点，按照顾客的类型“对症下药”，满足他们的不同需求，从而实现精准销售。根据顾客的购买态度和要求，我们可以将顾客分为 10 种类型。

第一种，习惯型。这种顾客倾向于按照自己的消费习惯和购买经验选购茶品。这样的顾客也可以称为回头客或者老顾客。对于这样的顾客，如果曾经在茶室够买过茶品，点茶师需要记住他的喜好和习惯，再据此为他推荐茶品。一般来说，这样的顾客对茶品的接受度很高，容易达成交易。如果顾客之前的相关消费都在别的茶室进行，点茶师则需要注意从交谈中获取有效信息，如他之前都喜欢购买怎样的产品等。再根据这些有效信息判断应该推荐给他什么样的同类产品。

第二种，理智型。这样的顾客一般比较有主见，有自己的一套选购茶品的标准，受广告或者销售人员的影响较小，能够自主地选择产品，往往在反复比较后才做出选择。面对这样的顾客，点茶师可以根据顾客的需要提供建议，最后引导顾客自己做出选择，千万不要进行干涉。

第三种，经济型。经济型的顾客对价格比较敏感，倾向于选择中低价位的产品。点茶师可以根据顾客的需求推荐性价比较高的产品。值得注意的是，面对这样的顾客，不要一味地推荐低价位的产品，而是根据顾客的需求，推荐性价比高的产品。

第四种，疑虑型。这类顾客疑虑重重，不轻易购买产品，在做出决定前十分谨慎。面对这样的顾客，可以在其选定意向产品后，详细地为其介绍。

第五种，冲动型。冲动型的顾客注重主观感受，广告宣传、销售介绍等都能对其产生很大的影响，这样的顾客比较容易做出决定，而且对新产品的接受度更高。面对这样的顾客，点茶师可以为其介绍新产品和轻时尚类的产品。

第六种，情感型。情感型的顾客容易受销售人员的影响，从而选购其推荐的产品。面对这样的顾客，点茶师可以根据他的实际需要推荐产品。

第七种，随意型。随意型的顾客一般购买经验较少，而产品的使用经验也比较少，一般更希望得到销售人员的建议。点茶师可以根据顾客的喜好为其推荐合适的产品。

第八种，健谈型。健谈型的顾客在选购产品时，很喜欢和销售人员交谈，也愿意听取销售人员的建议。点茶师可以在与顾客交流的同时，向顾客输出点茶文化，从而引导其购买茶品。

第九种，反感型。反感型的顾客不喜欢销售人员对产品做过多介绍，喜欢自己对比产品再做出决定。面对这样的顾客，点茶师可以向顾客递送产品册，让他自己选购，在其明确表示需要帮助时再为其介绍。

第十种，傲慢型。这类顾客对产品的品质和要求都比较高，同时对销售人员的要求也比较高。点茶师应该尽量先完善自身的专业素养，再用高水平的专业知识接待这样的顾客。

（五）成交

完成以上这几步，如果顾客明确购买意向，并且也支付了相应款项，则表示交易达成了，也就是所谓的成交。成交并不代表销售工作的结束，点茶师还要做到以下三点。

第一，为顾客装好茶品。点茶师要学会基本的打包方法，如果茶品含有礼盒，则要将顾客确认好的茶品放在礼盒中打包好，并用双手交给顾客，告知顾客基本的茶品使用和保养方法。

第二，提醒顾客携带好随身物品。当顾客购买好物品要留开茶室的时候，点茶师要提醒顾客携带好随身物品。如果顾客将物品遗落在茶室，则要保管好物品，及时联系顾客或者等候顾客返回拿取。

第三，将顾客送至门口。点茶师可以将顾客送至门口，送别时，可参考接待准备中送别的标准，走在顾客后面，让顾客走在前面，快离开时主动向前为顾客拉开门，使用礼貌的语言与之道别，并表示欢迎顾客再次光临。

三、记账

点茶师在完成销售工作后，要按照商品销售所获得的收入，借记“银行存款”“应收账款”“应收票据”等账户，贷记“产品销售收入”等账户，按税法规定应交的增值税，贷记“应交税金—应交增值税(销项税额)”账户。期末结转产品销售成本时，借记“产品销售成本”账户，贷记“产成品”等账户。

此外，还要注意以下事项。

第一，记账时，文字和数字都占二分之一空格。不要越界填写。

第二，记账时，要将各项资料，如计凭证日期、编号、业务内容摘要、金额等逐一记录清楚，字迹要工整，数据要准确。

第三，记账后，要在相应的位置签名盖章，并做好标记。

第四，记账过程中，如发现记录错误，需要按照规定的方法进行修正，不可私自涂抹、修改。

第五，各账页要连续记录，不可空页、跳页、空行。如果不小心出现空页、跳页、空行等问题，需要将空白处废除，并标记此页空白或此行空白，再盖上记账人员的私人印章。

第六，各账户的余额要标记规范，写清“借”或“贷”的字样，当余额为0时，也要记清楚为0。

第七，每一页都应该核算清楚本页的合计数和余额，当内容没有完结时，要在本页写上“过次页”，并在下页写上“承上页”，且上页的余额要抄在下页的第一行余额栏内。

第八，记账的用笔要规范，可以使用蓝、黑墨水笔或者碳素墨水笔书写，不能使用铅笔或者圆珠笔书写。红笔记账主要发生在冲账凭证、冲销错误记录、在不设借贷等栏内结出负数余额的情况下。其他情况，一律不得使用红笔记账。

四、售后服务

售后服务指的是商品在出售后提供的各种服务，做好售后服务能提高茶室的信誉度，提高市场占有率。初级点茶师在销售商品后，要做好商品的售后服务。当顾客购买茶品后，发现点茶粉有漏气、变质等现象，应该及时给予更换；如果茶具在保修期内出现破损等问题，应该替换或者修补。

在提供售后服务时，可以主动致电顾客，在致电时，需要注意两点。其一，经常性回访。售后服务并不是在商品质量出现问题的情况下才进行，点茶师可以根据自己的工作安排，在空闲时间对客户进行回访。回访时，重在了解顾客在使用茶品时是否遇到困难，如果有，则要及时告知顾客正确的使用方法和技巧。这种回访的频率要高，以便及时了解客户对茶品的使用情况和意见。其二，为顾客提供最新的茶品清单。提供售后服务的同时，也是开展营销的好时机，点茶师可以在回访的同时，提供最新的茶品清单，以便顾客可以随时购买。

在实际工作中，被动售后的情况要多于主动售后，被动售后发生的主要场景为顾客打电话咨询或者投诉。点茶师在提供被动售后服务时，需要注意四点。其一，在接到顾客的电话时，不管顾客的语气多么急躁或者愤怒，都应该在第一时间表达对顾客的理解，即表示自己能感同身受，再致以礼仪性的致歉，从而安抚顾客的情绪。其二，耐心且认真听完顾客的投诉，不随意打断顾客说话，要了解顾客的需求。

即使遇到无理取闹或者故意挑剔的顾客，也不可以大声争辩或者反驳，而应该以柔克刚，在影响扩大前，第一时间解决顾客的问题。如果当下不能立刻解决，也应该在最短时间内上报，给予顾客明确的答复。在处理过程中，要注意不可给予顾客权限范围外的承诺。其三，在处理投诉时，要使用敬语，并且将第二人称的反问变为第一人称的疑问，如把“您听清楚了吗”换成“我解释清楚了吗”。同时，要注意语音、语调和音量，要慎用微笑，不可给人幸灾乐祸的感觉。其四，在处理问题时，要注意自己的立场和态度。最好的方式是不急不躁、不卑不亢，保持冷静和理智。不可与顾客发生争吵，不可辱骂顾客。

第二部分

点茶师培训教材（中级）

第四章　中级点茶师的接待准备

第一节　接待礼仪

接待礼仪是点茶师在进行点茶服务时必须要掌握的重要部分，对于一名中级点茶师来说，在达到初级点茶师要求的基础上，还应该掌握以下这些技能：

能按照茶事服务要求导位、迎宾；

能根据点茶礼仪进行接待。

还要掌握这些知识：

接待礼仪与技巧基础知识；

点茶接待礼仪基础知识。

一、接待

接待是点茶师的日常工作之一，对于中级点茶师来说，要能根据宾客不同的地域、民族、风俗习惯等提供对应的服务。专业的接待工作不仅能体现出点茶师的服务水平，还能体现茶室的专业水平。

（一）不同民族宾客的服务

汉族：汉族的饮食文化非常丰富，而且茶文化是饮食文化中重要的一个分支，饮茶时讲究以品为主，体现雅致，寄托情怀。当宾客饮至杯中三分之一时，点茶师需要根据宾客选购的茶品，及时添加茶饮。

蒙古族：为蒙古族宾客服务时，要用双手敬茶以示尊重，当他们将手平伸，在杯口上盖一下，则表示不再喝茶，点茶师可以停止添加茶饮。

维吾尔族：点茶师为维吾尔族宾客服务时，要用双手端茶，尽量在宾客的面前冲洗点茶器以示洁净。

藏族：藏族有自己的饮茶礼节，一般不会只饮一杯茶，喝的时候会慢慢品尝，一般在喝第一杯时会留下一些。喝过几杯后，会把茶汤一饮而尽，表示不想再喝了，点茶师就不必再续茶汤了。

壮族：在壮族的文化传统中，斟茶过满被视为不礼貌，因此，点茶师在为其服务时，注意不要斟茶过满，同时注意要用双手奉茶。

傣族：点茶师在为傣族宾客服务时，要记住傣族传统的“三道茶”，即斟茶要斟三道，且只斟半杯，以示对宾客的尊重。

（二）不同地域的宾客服务不同

受茶文化的影响，世界上喜爱喝茶的国家和地区越来越多。据统计，有一百多个国家和地区的居民都喜欢喝茶品茗。由于世界各国和各地区的风土人情不同，人们在引入茶文化以后，逐渐加入了当地的特色，发展成了当地特有的饮茶文化。因此，点茶师在接待不同地域的宾客时，要事先了解他们的习惯和禁忌，以便为其提供更好的服务。

英国：英国人本身有喝下午茶的传统，而且下午茶是他们生活中必不可少的一部分。一般来说，下午茶以红茶为主，添加白砂糖、牛奶、柠檬等佐料。此外，英国人还有在喝下午茶时搭配茶食的习惯。比如，法国大文豪普鲁斯特就曾在其长篇巨著《追忆似水年华》中用细腻的笔触描写了下午茶搭配的蛋糕如何在主人公心中留下美好记忆的片段。点茶师在为英国的宾客服务时，如果宾客有添加佐料的需求，在茶饮工艺允许的情况下，可以为其添加，并为其准备蛋糕一类的茶食，点茶表演尽量安排在下午，以符合他们的下午茶习惯。

美国：美国人受英国人的影响很大，也喜欢在茶饮里加糖和牛奶等佐料，此外，他们还酷爱喝冰茶。在茶饮工艺允许的情况下，可以满足宾客的特殊需求。

日本：日本人的饮茶方式受中国的影响较大，日本的茶道就是在宋代点茶的基础上发展形成的。在服务日本宾客时，要注意掌握日本茶道和宋代点茶的区别、相似点、渊源等知识点，以便在宾客有疑问时能够及时解答。

韩国：韩国的茶文化同样受中国的影响很大，韩国茶礼的历史悠久，以“和、敬、俭、真”为宗旨。“和”，指的是善良的心地；“敬”是敬重、礼遇；“俭”，即俭朴、清廉；“真”指的是以诚相待。韩国的前后辈文化氛围浓厚，点茶师在为韩国宾客服务时，要区分对待年长、年幼以及平辈的顾客。比如，为年长的顾客服务时，要恭敬有礼貌，交谈时使用敬语和尊称。

印度：印度宾客在取食物或者拿东西时惯用右手，一般不使用左手，也不使用双手，点茶师在为他们服务时，要特别注意。同时印度宾客一般用双手合十表示致敬，点茶师也可采用此礼仪回敬顾客。

俄罗斯：俄罗斯人和英国人相似，也偏爱红茶和甜食，喜欢在饮茶时搭配一些甜点。点茶师在为俄罗斯宾客服务时，可以在提供茶饮的同时，搭配甜点供其食用。

斯里兰卡：斯里兰卡是红茶的重要产地，首都科伦坡有经销红茶的大商行，当地居民受本地茶叶氛围的影响，也酷爱喝红茶。不过他们喜欢喝浓茶，即使又苦又涩，他们也觉得津津有味。在为斯里兰卡的顾客服务时，可以根据顾客的要求提供浓茶。

泰国：受当地气候影响，泰国人在饮茶的时候喜欢在茶水中加入冰块，制成冰茶后饮用，当地人很少喝热茶。点茶师在为泰国宾客服务的时候，可以提前准备一些冰块，可以根据需求为其制作冰茶。

蒙古：蒙古人喜爱喝砖茶，有时候会在茶汤中加入羊奶和牛奶制成奶茶后饮用。如果蒙古宾客有加奶的需求，在茶饮工艺许可的情况下，可以满足其要求。

（三）特殊宾客的服务

VIP 宾客的服务：VIP 指的是茶室的贵宾。一般来说，VIP 在茶室消费较多，而且大多都是回头客，对茶室的情况比较了解。因此，点茶师要了解每一位 VIP 宾客的喜好和禁忌。当接到 VIP 宾客的预定时，要对时间、人数、特殊要求等有详尽的了解。在宾客到来之前，按照 VIP 规格及时布置会场，将所需的茶品、点茶器等摆放好，保证符合质量要求，做到新鲜、卫生、洁净。如过VIP宾客有额外的特殊需求，则要按其要求做好准备。

其他特殊宾客的服务：对于其他特殊宾客，如年老体弱的宾客，要将位置安排在门口附近，方便他们的出入，并帮助他们就座；对于未成年宾客，则要注意其安全，安排他们远离烫水、用电器的位置；如果遇到残障人士，则要帮助其就座，并尽量掩盖其身体缺陷；如果遇到一些有特殊需求的顾客，在条件允许的情况下，应尽量满足其要求。

（四）常用英语会话

随着茶文化的发展，越来越多国家和地区的人们开始接受茶文化，并喜欢上饮茶。在实际工作中，点茶师可能会服务不同国家和地区的外宾，在接待外宾时，中华民族素有热情好客的优良传统，点茶师要认真、热情地接待外宾，同时要注意自己的专业修养和基本素质。点茶师要掌握一些简单的英语会话，以便能与外宾进行基本的沟通。接下来是一些常用会话示例。

问候语

Good morning, madam. May I help you?

早上好，女士。我能为您效劳的吗？

Good morning, sir. What can I do for you?

您好，先生。有什么可以为您做的吗？

Good afternoon, sir. Anything I can do for you?

下午好，先生。我能为您做些什么？

Have you been waited on?

需要我为您效劳吗？

Can I be of any assistance?

我能帮助您吗？

Is there anything I can do for you?

有什么事我可以为您效劳吗？

Good afternoon, Mr. White. Nice to meet you.

下午好，怀特先生，很高兴见到您。

Good evening，Mrs. Lee. How are you recently?

晚上好，李太太。您最近好吗?

询问

Good afternoon, sir. How many people do I serve please?

先生，下午好！请问您几位?

May I have your name please?

请问您叫什么名字?

May I have your telephone number please?

请问您的电话号码是多少?

Do you have a reservation, sir?

请问您有预定吗？

Do you want a separate room or sit in the hall?

请问您喜欢坐包厢还是大厅?

How about seats near the window? You can see beautiful scence outside.

靠窗的座位行吗? 从这里可以看到室外的景色。

Excuse me, which kind of tea do you like?

打扰了，请问您想要哪种茶?

请求、要求

This way, please.

请往这边走。

Would you mind taking the seat here?

坐在这里可以吗?

Would you please show me your VIP Card?

请您出示贵宾卡。

Would you mind waiting for a second?

请您稍等一下好吗?

Would you please sign your name here?

请您在这里签字。

其他

Sorry sir,we don’t have vacant rooms at the moment.

先生很抱歉，现在没有包厢了。

This is our menu，please feel free to pick anything you like.

这是我们茶室的茶单，请随意挑选。

The first infusion is ready. I hope you will like it.

第一壶茶已经准备好了，请各位慢用。

Here are the refreshments you ordered. If you want something else，please feel free to let me know.

这是您要的茶点，如果有其他需要，请尽管吩咐。

Excuse me ，it is better to fill some water.

打扰了，我给壶里加些水。

Here are the tea refreshments you have ordered. Enjoy yourselves.

你们要的茶点都已经上齐了，请慢慢品尝。

I’m sorry,we only accept cash.

对不起，我们只收现金。

二、礼仪

中国自古就是礼仪之邦，礼仪体现在国人生活的方方面面。而点茶活动作为一种传统的文化活动，更应该体现礼仪。由于礼仪贯穿于整个点茶活动，因此点茶师在每个服务环节都要注意礼仪的落实和体现。

在接待宾客时，有 12 点需要注意。

第一，上岗前，要做好仪态仪表的检查，要做到仪表整洁、仪态端正，特别要注意手上不涂抹指甲油，口腔无异味等。

第二，上岗后，要用饱满的精神迎接每位顾客，面带微笑，注意力集中。微笑要发自内心，既不可以假笑，也不可以发出“咯咯咯”的大笑；注意力集中就要求思想集中，能随时回应顾客，切不可在上班时间玩手机或者接打电话。

第三，迎接顾客时要笑脸相迎，并致以简短而亲切的问候，要让顾客有宾至如归、如沐春风的感觉。同时询问顾客是否有预定或者特殊需求，并将他带至相应的位置上。如果是老顾客带来了新顾客，那么，对待新顾客也要一视同仁。

第四，在迎接顾客过程中，可以适当用一些手势，给顾客以彬彬有礼、优雅自如的感觉。如为顾客指引方向时，掌心向上，看着目标的方向，面带微笑，并兼顾顾客是否能看到目标方向，切忌用手指来指去，手势幅度也不可过大，以免给人留下手舞足蹈的感觉。

第五，顾客落座后，恭敬地向顾客递上干净、整洁的茶单，并耐心等候顾客的吩咐。当顾客提出需求时，要仔细、认真、完整地牢记顾客的需求。必要时，可以向顾客重复一遍，以确认顾客的要求。要注意的是，在没有听清或者没有记全要求时，不可粗暴地打断顾客，让其重复。留意顾客的一些细小要求，能满足时尽量满足。

第六，当顾客拿不定主意时，可以有礼貌地为其推荐，使顾客感到服务周到。如果顾客在水温或者茶粉上有什么要求，尽量尊重顾客的意见，严格按照顾客的要求去做。

第七，在点茶的过程中，要做到专业、细致、认真，保证茶粉的质量、茶器的洁净和操作的准确与规范。另外，举止要优雅，态度要认真，要让顾客感到受尊重，切不可敷衍了事。

第八，在工作中，要注意站立的姿势与位置，不可随意靠在桌子上与其他工作人员大声交谈、嬉戏打闹。

第九，顾客之间谈话时，不可侧耳倾听；低声谈话时，更应该主动回避，不可在原地偷听。当顾客有需要打招呼时，应该从容前往，不可慌张跑向前去，也不可漫不经心，而要让顾客有受尊重的感觉。

第十，当顾客需要结账时，要用双手给顾客递上账单，请顾客核查账单有无出入。

第十一，当顾客赠送小费时，要严格遵守纪律，婉言谢绝。不可私自收取小费。

第十二，当顾客离开时，要将顾客带至门口，热情相送，并欢迎其下次再来。

点茶师在工作过程中，免不了要与顾客交谈。交谈时，不可过于随意，也不要紧张，遵循以下六个礼仪要点，做好服务工作。

第一，在与顾客交谈的时候，点茶师要始终保持微笑，除特殊情况外，都应该站立与顾客交谈，并用友好的目光注视顾客，让顾客感受到友善，同时还显示出自己注意力集中。为了表示尊重，点茶师的目光应该正视顾客的眼鼻三角区，不可直视对方的眼睛。切忌眼珠不可向上翻，这种行为会给人目中无人、骄傲自大的感觉，是非常不礼貌的。

第二，在服务过程中要使用敬语，如“您”“请”等，不可使用“你”“喂”等来招呼顾客。使用敬语时要注意场合和时间，声音要真诚、甜美、端庄，要让对方感受到尊重。当顾客进门时，首先要用“您好”问候顾客，再使用其他敬语。当顾客离开时，要说“再见”，再加上欢迎顾客再次光临的话语。

第三，当顾客说话时，要认真倾听，随时发现顾客的服务需求，并为其提供服务。在听取顾客说话的过程中不要随意打断，也不要随意插话辩解。另外，倾听顾客说话时，要适当做出反应，如“嗯”“好的”“我们会注意这个问题”等，不可一言不发，这样给人不尊重的感觉。

第四，当顾客投诉或者斥责时，无论语气多么严厉，都不可当面反驳，应该耐心、友善、认真地听取顾客的陈述，并寻求解决方案。不可故意刁难顾客，也不可报复顾客。

第五，在与顾客交流的过程中，遇到观点相左的情况，无论对方表达了怎样的观点，都不可流露出蔑视、嘲笑、反感的神态。可以委婉地表达自己的观点，不可当面否定、反击顾客。

第六，在为顾客服务的过程中，如果需要与顾客交谈，要注意交谈的尺度，不可忘乎所以，高谈阔论，不要谈论一些敏感的话题，也不要发表不当言论，应以倾听为主。如果不认可顾客的观点，也不要与之争辩。

第二节 点茶室的布置

点茶室是点茶师表演点茶的主要场所，也是顾客消费的主要场所。点茶室能综合体现其格调与品位，一个典雅、有文化感的空间能让顾客的身心得到放松，有益于点茶活动的开展，从而吸引顾客再次光临。因此，中级点茶师要掌握点茶室布置的技能和知识。要点有：

能根据点茶空间特点合理摆放器物；
能合理摆放点茶空间装饰物品；
能合理陈列点茶空间商品；
能根据宾客要求有针对性地选配器物。

涉及的知识有：

点茶空间布置基础知识；
点茶空间器物配放基础知识；
点茶空间销售商品的搭配知识；
点茶空间商品陈列原则与方法。

一、点茶表演中相关的艺术品

点茶自成一套系统，有自己的表演范式和程序，在点茶的过程中，需要一些艺术品为点茶演示提供助力。在点茶室的布置中，各类艺术品不可或缺，我们在这里主要介绍以下五种。

（一）音乐

琴棋书画是古人修身养性的四要素，其中琴代表音乐，排在首位。古人认为音乐可以培养情操、提高修养。所以，在点茶表演中，会使用很多音乐元素来烘托氛围、营造意境。在很多商场和餐厅中，背景音乐的运用已经非常常见，但点茶空间的背景音乐与商场和餐厅的音乐还有一定的区别。一般来说，点茶空间播放的音乐都是能够舒缓身心、凝神聚气的音乐。中级点茶师在布置点茶室的时候，可以选择以下三种音乐。

第一，传统的古典名曲。我国传统的古典名曲一般都意蕴悠长、深邃幽婉、沁人心脾，反映出深邃的意境。反映山水之音的乐曲包括《流水》《幽谷清风》《潇湘水云》《汇流》等；反映月下美景的有《春江花月夜》《月儿高》《霓裳曲》《平湖秋月》《彩云追月》等；反映思念之情的乐曲包括《塞上曲》《阳关三叠》《远方的思念》《清乡行》等；表现禽鸟之声的乐曲包括《平沙落雁》《空山鸟语》《鹧鸪飞》《海青拿天鹅》等。点茶师可以根据点茶室的主题和的环境氛围，选择合适的古典名曲。

第二，当代与茶有关的音乐。当代有很多音乐家喜爱茶文化，他们创作了许多与茶有关的音乐，非常适合在点茶室中播放。如操奕恒的《茶马古道》、宋祖英的《古丈茶歌》、刘珂矣的《泼茶香》、少司命的《茶道》《梅坞寻茶》、茶少的《茶女》、小曲儿的《霁夜茶》等，当服务一些年轻时尚的顾客，整体的氛围也较为轻松活泼时，可以播放当代与茶有关的音乐，调节氛围。

第三，精心录制的大自然的声音。点茶是一种与自然非常接近的艺术形式，点茶中使用的水、茶叶无不与美好的大自然息息相关。因此，在点茶过程中也可以播放一些精心录制的大自然的声音，如山泉飞瀑、小溪流水、风吹竹林、雨打芭蕉、松涛海浪等，用这些天籁之音引导点茶室里的顾客进入新的意境之中。

（二）熏香

在点茶室中，一般会配有熏香，点茶师在点茶过程中有时会焚香助兴。中级点茶师要了解各种熏香的种类和用处。我们将分五点来介绍香薰。

第一，按香气的种类分。按照香气的散发方式来分，熏香可以分为燃烧型、熏炙型、自然散发型三种。燃烧型主要包括由沉香木、香草制作成的香丸、线香、盘香、环香、香粉等；熏炙型包括龙脑等树脂质的香品；自然散发型则包括香油、香花等。

第二，按熏香原料的种类分。按照熏香原料来分，可以分为植物型、动物型、合成型三种。植物型顾名思义指的就是原料为植物的熏香，包括茅香草、沉香木、龙脑等；动物型包括龙涎香、麝香等；合成型的熏香指的是通过化合反应加工制成香粉、香丸、线香等。

第三，按熏香形状的种类分。按照熏香的形状可以分为线香和香粉两种。线香又可以分为横式线香、直式线香、盘香、香环等；香粉又可以分为直接撒在炭上的香粉和做成一定形状再点燃的香粉，后者又被称为香篆。

第四，熏香的选择。点茶师在选择熏香的时候，需要考虑的因素有很多，可以根据三点原则进行选择。其一，根据茶的香气选择。比如，浓香的茶可以选择香味较重的熏香，清香的茶可以选择香味较淡的熏香。其二，根据节令选择。比如，春天和冬天天气较冷，可以选择香气浓烈的熏香，夏天和秋天较热，人们心情较烦躁，可以选择香气较淡的熏香。其三，根据熏香选择。比如，点茶室空间较大可以选择味道浓的熏香，空间较小可以选择味道淡的熏香。

第五，焚香原则。在点茶室中，并不是随时随地都可以焚香，而是要讲究一定的原则和方法。其一，使用原则。专业品鉴活动，不使用熏香，避免影响对茶香的判断；一般点茶活动，可以使用熏香，增加仿宋氛围，祛襟涤滞，愉悦心情。其二，时间原则。在点茶前焚香，根据燃烧时间选择熏香，在品饮点茶前燃尽，减少对茶香的影响。其三，位置原则。可以放置在茶室合适的位置上，远离插花，以免破坏花的清香；可以放在茶桌上，如果茶桌上没有插花放在茶桌左上方，如果茶桌上有插花放在茶桌右上方。

（三）插花

插花的主要作用是亲近自然、突出意境。古人将点茶、插花、焚香、挂画作为四雅，这四者相辅相成、相得益彰。就插花来说，点茶师在选择插花的时候，需要考虑以下七个因素。

第一，插花要讲究意境美。作品以清雅简洁为主，强调与整个环境的和谐统一。因此，在选择插花的时候，要先确定点茶的主题，再根据主题选择插花，不要选择妖艳、夺目、鲜艳、味道浓烈的花，这样会喧宾夺主，淡化点茶的重要性。

第二，插花要讲究线条丰富。在花种类的选择上，不要过多，颜色以不超过三种为佳。插花讲究在轻描淡写中突出神韵。可以通过线条的粗细、曲直、疏密等来表现简洁、飘逸等主题。

第三，插花要讲究亲近自然。点茶本身就是一种追求自然、亲近自然的活动，插花作为点茶活动的点缀，更应该体现亲近自然的这一原则。在插花时，可以选用当季的新鲜素材，带给人大自然的气息。

第四，插花要有立意。点茶室插花的一个主要特点就是“立意取材，意在花先”，因此，点茶师在制作插花的时候，要先考虑插花的立意，再动手制作插花。插花的立意重在真诚、新颖、意境高远、造型简洁、有生命力。没有立意的插花仅仅是花的堆砌，谈不上艺术价值。

第五，插花的容器选择可以多种多样。在为插花选择容器时，既可以选择花瓶、盆景等常规的工艺品容器，也可以选择茶杯、竹筒、茶壶等点茶室内随处可见的点茶器，甚至可以选择一些造型独特的瓜果，如南瓜、菠萝等。

第六，插花的材料。插花的材料可以选择松、竹、梅、柳、桃花、菊花、荷花、百合、红叶、紫藤、枯枝、根材、藤条等传统花材。在选择时，尽量选用木本花材，以延长插花的使用时间。

第七，插花原则。在点茶室中，插花要遵循一定的原则和方法。其一，使用原则。专业品鉴活动，不使用插花，避免影响对茶香的判断；一般点茶活动，可以使用插花，增加仿宋氛围，冲淡简洁，增加美感。其二，时间原则。在顾客到来之前准备好花材或完成插花，尽量使用时令花材，不选用完全盛开的花。其三，位置原则。可以将插花放置在茶室合适的位置上，远离香炉；也可以放在茶桌的左上方。

（四）茶挂

陆羽在《茶经》中曾表达了这样的想法：把《茶经》的内容写在绢布上，挂在座位旁边，这样在品茗时，就可以更加了解茶的知识。这是早期的茶挂形式。宋代以后，茶挂就演变成了挂字或者挂画，即在点茶室中悬挂书法作品或者绘画。

和插花一样，茶挂需要与点茶的主题协调一致，要和空间氛围契合。一般来说，由于点茶室中已经摆放了插花，所以挂画一般不选择花鸟画，而是选择写意的山水画。

茶挂能够明显地突出主人的意趣和品味，因此，点茶师在选择茶挂的时候，可以选择那些能够明显地体现自己清雅、脱俗审美的绘画。

（五）传承说明

每张点茶席、每场点茶会，点茶师都是灵魂。点茶师传承的脉络、技艺的高低、具备的资格，决定了今天点茶活动的规格和水平。陈放传承说明，是不忘传承，礼敬宾客。茶桌右上方陈放传承书，说明席主非常重视今天的茶事活动。如非遗宋代点茶的传承者，可以陈放《非遗宋代点茶传承谱》或其续谱或《传承书》；各级专业点茶人，可以陈放最高级别的《点茶证》；点茶师，可以陈放最高级别的《点茶师职业技能证书》；其他点茶者，使用七汤点茶法的点茶者可以陈放《大观茶论》，任何点茶者都可以陈放《点茶道》。

传承说明的摆放原则有两点。其一，使用原则。在正式点茶活动使用，茶事规格越高、摆放越庄重的传承说明（如非遗宋代点茶传承者在最高级别场合呈放《非遗宋代点茶传承谱》或续谱，一般场合呈放本人的《传承书》），同一类别摆放最高级别的传承书（如中级点茶师呈放《中级点茶师职业技能证书》，不呈放《初级点茶师职业技能证书》）。其二，左琴右书。传承说明摆放在茶桌右上方，茶桌左上方摆放其他“艺”（如插花）。

二、点茶室的基本布置

点茶室的布置是茶文化的重要部分，通过对茶席的设计，用点茶器、桌布、茶席、插花、香炉、其他器物等来进行点缀，形象生动地展示了点茶时活色生香的一面。点茶室是点茶的主要场所，享用点茶是人生的一大享受，是一种精神寄托。点茶室的布置要遵循典雅、整洁、简单的原则。

（一）照明

照明除了一般意义的照亮空间，还有烘托气氛、突出物品等作用。好的照明效果，可以突出点茶室的质感，提升格调和文化品位。点茶室的照明，分为一般照明、局部照明和混合照明。

第一，一般照明。一般照明指的是为了照亮点茶室，而使人们看清环境的照明。这也是照明本身最基础的功能。在选择一般照明的时候，应以能看清室内的物品为主要原则，再考虑照明的光线对点茶室的烘托作用。

第二，局部照明。局部照明是为了烘托或者强调某些位置而设置的照明。局部照明的出现，让整个空间更有层次感，也更能突出环境的氛围。这在点茶室的布置中非常重要。比如，可以在表演台的上空安装一盏射灯，当点茶师在表演台上表演的时候，打开射灯，人们会自然而然地把目光聚集在表演台上，观察点茶师优美的手姿和漂亮的茶汤。

第三，混合照明。混合照明指的是在同一个空间中，既有一般照明，又有局部照明，两者相互搭配混合，营造出一种独特的氛围。一般的点茶室都采用混合照明。点茶师需要注意的是，要了解各个灯的开关位置以及在不同环境下，该怎样调控照明才能营造最好的氛围。比如，点茶师白天表演的时候，如果室内光线充足，可以关闭一般照明，打开对着点茶师的局部照明，同时也可以关闭商品展示区的局部照明，将所有的灯光都聚集在点茶师所在的位置，以此突出他的点茶技艺。

（二）环境的布置

点茶室是用来放松、休闲、娱乐的场所，因此，在环境的布置上应该以人为本，以舒适、轻松、方便为基本原则，在此基础上，再考虑使用一些有设计感的器物或者室内装修增加点茶室的艺术感和文化感。我们可以从以下两方面入手。

第一，点茶室要有功能区的划分。比如，可以分为表演台、茶席、商品陈列区、储藏室等。要注意各个功能区之间的区分以及连贯性。同时，各个功能区要做好相应的清洁卫生工作，物品要各归其位，不能随意堆放。

第二，可以为点茶室确定一个主要风格，再根据风格选择桌椅及茶盘等物品。比如，点茶室为复古典雅的风格，可以选择实木大板、老门板等材质的桌子，也可以选择时下流行的极简风格的桌子，这样的桌子可以使整体的风格更加复古。在选择椅子时，主座可以选择官帽椅、太师椅和其他订制的个性椅子，客座可以选择圈椅、长条凳、树橔等风格的椅子。茶盘可以选择实木或竹子制成的，增加氛围感。

（三）茶席的设计

乔木森在《茶席设计》一书中指出：所谓茶席设计，就是指以茶为灵魂，以茶具为主体，在特定的空间形态中，与其他的艺术形式相结合，共同完成的一个有独立主体的茶道艺术组合整体。茶席是静态的，茶席演示是动态的。静态的茶席只有通过动态的演示，动静相容，才能更加完美地体现茶的魅力和精神。茶席的设计包括两个步骤。

第一，设计一个茶席主题。对于点茶师来说，茶席设计首先要做的就是为茶席设定一个主题，这样才能使茶席中各个因子和谐统一。茶席主题的设定可以根据季节来定。比如，根据春夏秋冬四季的景致设计主题；也可以根据点茶粉的种类设计主题，如仿宋点茶、绿茶粉点茶等；还可以根据某个领悟或者某种心情来设计主题，比如“浪漫”“温馨”“清心”等；还可以根据历史上的事件或者某位点茶人来设计点茶主题，比如，以苏东坡为主题设计的茶席等。

第二，用铺垫加强茶席的风格。铺垫就是茶席或者物品下摆放的衬托物，有衬托、装饰、清洁的作用。在点茶室里，主要的铺垫有桌布。在选择铺垫时，需要考虑颜色、质地、大小等因素。

现在点茶室中使用的铺垫主要包括布、绸、丝、缎、葛、竹草编织垫和布艺垫；也有一些自然材料做成的铺垫，如荷叶铺垫、沙石铺垫、落英铺垫等。铺垫色调通常要烘托茶席的主色调，从而加强点茶室的风格。因此，在选择铺垫时可以根据茶席的主题或者点茶室的风格来选择。比如，点茶室是清新的风格，可以选择浅色的铺垫；茶席的主题是传统、高贵的，可以选择深色、有质感的铺垫。

铺垫的铺放的方式可以分为平铺、叠铺、立体铺三种。平铺是最常见的方法，直接将铺垫铺在茶桌上。叠铺是指铺成两层或者多层，可以将国画、书法等纸质艺术品叠铺在桌上，也可以利用铺垫制作造型，加强茶室的风格。立体铺主要用来制作立体的艺术品，将铺垫铺在支撑物上，形成山川、河流、草地等造型。

三、器物配放与表演台布置

点茶师在表演点茶之前，要完成器物配放和表演台布置。在进行器物配放和表演台布置时，要注意点茶器和点茶粉的配合、点茶器的摆放和表演台的布置等问题。

（一）点茶器与点茶粉的配合

在古代，点茶器组合一般都遵循“茶为君，器为臣，火为帅”的基本原则来配置。在现代，点茶器和点茶粉的配合仍然可以遵循这一原则。主要体现的是以茶为主，其他都要为茶服务的原则。

点茶器按照材料的颜色和装饰图案的颜色，可以分为暖色调和冷色调两种。冷色调包括蓝、绿、青、白、灰、黑等颜色；暖色调包括黄、橙、红、棕等颜色。点茶师在整理点茶器时，可以按照色调的不同先分好类，这样在选择点茶器的时候就可以快速定位拿取。

点茶器颜色选择的主要原则就是突出茶汤。点茶师可以根据自己的经验选择合适的点茶器与点茶粉相配，同时也可以根据点出茶汤的效果更换点茶器。一般来说，绿茶类的点茶粉可以选择冷色调的点茶器；红茶类的点茶粉可以选择暖色调的点茶器。

仿宋点茶，一般选用宋代五大名窑的点茶器，明代皇室收藏目录《宣德鼎彝谱》中记载："内库所藏汝、官、哥、钧、定名窑器皿，款式典雅者，写图进呈。"用来盛放茶汤的容器，推荐深色的盏，《大观茶论》中提到"盏色贵青黑"，而《茶录》则记载"茶色白，宜黑盏"。

（二）点茶器的摆放原则

点茶器的基本摆放原则是简单、实用、洁净、美观。这就要求点茶师在摆放点茶器时，将多余的、短时间内用不到的点茶器先摆放在一旁，不要放到茶席上。选择造型美观，与茶席主题契合的点茶器，并将这些点茶器擦拭干净，带给人美观、洁净、整齐的感觉。

按照三才点茶席布置，桌上分为三条线，从点茶师座位向前，分别为"地道""人道""天道"。以非遗宋代点茶青白三品最基本的点茶席为例，"地道"水平线上，放置茶巾；"人道"水平线上，从左到右放置汤瓶、盏、筅（点茶时）、水盂；"天道"第一条水平线上，从左到右放置茶合、茶匙（带架）、茶筅（不点茶时）。如果要增加使用的点茶器，可以摆放在"天道"第一条水平线上，如茶勺、茶针等；如果增加其他物品，可以放在"天道"第二条水平线上，如传承说明、香炉、插花等。如果还需增加其他物品，可以在"天道"的范围内摆放。

（三）点茶表演台的布置

点茶表演台的布置主要包括茶桌、茶椅、茶巾垫等。在布置的过程中，要规范桌椅的大小和茶巾垫的摆放位置。

第一，茶桌。

茶桌的尺寸一般选用 60 × 80 厘米，根据使用场合的不同，可以选用不同高度的茶桌，如席地式的点茶表演可以选择 40 厘米左右高度的桌子，站礼式和坐礼式的点茶表演可以选择 70 厘米左右高度的桌子。

第二，茶椅。

茶椅一般不选择带有扶手的，但靠背可以根据喜好和实际情况自由选择。茶椅的高度一般在 40~60 厘米左右，根据个人的身高决定，以点茶自然、舒适为宜。茶椅的多少主要视人数而定，一般的顾客人数控制在五人以内为佳。

第三，茶巾垫。

一般的茶桌上都会放置一块茶巾垫，茶巾垫通常铺在桌子中央。茶巾垫并不是固定不变的，可以根据主题、季节、场合等随时更换。

四、商品陈列原则

在点茶室中陈列商品，主要的目的是吸引顾客在点茶室休闲之余，购买一些他们认可的商品，同时，点茶室也可以通过这个区域推广点茶文化。在点茶室直接陈列商品，一来可以为点茶室带来经济效益，二来可以装饰空间。点茶师在陈列点茶室的商品时，需要遵循七个原则。

第一，陈列点原则。商品陈列虽然不是点茶室的重点，但在寻找陈列点的时候，还是需要重视起来。好的陈列点不仅能吸引顾客消费，还能展示点茶室的形象，在潜移默化中推广点茶文化。一般来说，好的陈列点包括以下几个位置：人流量大的墙面位置、主通道的位置、收银台旁的位置。有时，点茶室会临时安排一些促销活动，在促销时，可选择的陈列点包括：门口的位置、长墙面的尾部位置、主通道之间的位置。点茶室慎选的陈列点包括：仓库出入口、灯光昏暗的角落、店铺深处的死角等不易被顾客注意到的位置。

第二，吸引力原则。商品摆放要遵循吸引力原则，即通过商品位置的调整和排列，吸引顾客的注意力。主要可以采取这些方式：将新产品码成某种造型的堆头以增加气势；将促销的产品运用不规则的陈列方法以摆放来突出促销优惠信息；使用易拉宝、海报来吸引顾客的注意力；如果商品具有明显的特征，可以安排人员现场展示或者循环播放介绍视频。

第三，有效陈列原则。有效陈列位置指的是顾客自然站立时，从地板开始60~180厘米的位置。一般来说，主要的商品都应该放置在这个范围内的位置。在这个范围内，顾客最易接触到的位置是从地板开始80~120厘米的位置，也被称为黄金地带，重点商品、当季新品都可以放置在这个位置。

第四，一目了然原则。商品的陈列要一目了然，尤其是新产品和促销品，位置要醒目，要让顾客看一眼就理解要表达的内容。点茶师在陈列商品时可以遵循前低后高的原则，在陈列商品时要注意将商品摆正或者稍微倾斜面对顾客，这样既能多摆放商品，又能使顾客一眼就找到自己想要的商品。另外，在陈列较大商品时注意不要遮挡住室内的照明。

第五，有效搭配原则。点茶师可以利用商品的有效搭配助力商品的销售。比如，可以将点茶粉与茶盏搭配起来陈列。当顾客选购茶盏的时候可以推荐他再选购点茶粉。点茶师要注意随时优化商品的搭配，要能体现出新意。

第六，可获利原则。可获利原则是商品陈列的主要原则。点茶师在陈列商品时，一定要贯彻这项原则，突出陈列商品的重点，增加陈列面积，探索提高销售额的陈列方式，努力争取最佳陈列位置。

第七，清洁卫生原则。清洁卫生原则是商品陈列的基本原则，整齐干净的货架能够吸引顾客的目光，相反，混乱、布满灰尘的货架会给人廉价、陈旧的感觉。这要求点茶师在平时注意货架的清洁卫生，勤打扫、勤清理、勤更换。

第五章　中级点茶师的点茶服务

第一节　点茶配置

点茶师在提供点茶服务时，首先要具备点茶配置的能力，要想做好点茶配置就要具备以下几种能力：

能识别点茶原料种类；
能鉴别点茶器具的品质；
能根据点茶空间需要布置点茶工作台。

需要掌握的知识有：
点茶原料品质和等级的判定方法；
常用点茶器具质量的识别方法；
点茶席的布置方法。

一、茶叶与点茶粉的种类及识别方法

（一）各种茶叶的特点与识别

茶叶的分类多种多样，按照制作工艺的不同，可以分为六大茶系，包括绿茶、白茶、黄茶、青茶、红茶和黑茶。

绿茶指的是不发酵的茶，根据杀青方式和干燥方式的不同，可以分为炒青绿茶、烘青绿茶和蒸青绿茶。其中，炒青绿茶是用锅炒的方式进行干燥制成的绿茶。根据锅炒过程中工艺的不同又可以分为长炒青、圆炒青、扁炒青和特种炒青。炒青绿茶中比较有名的品种包括西湖龙井、洞庭碧螺春、都匀毛尖、金山翠芽、信阳毛尖等。烘青绿茶是用烘焙的方式干燥制成的绿茶，烘青绿茶的香气不及炒青绿茶，多数用来制作窨制花茶的茶坯。烘青绿茶中比较有名的品种包括六安瓜片、太平猴魁、黄山毛峰、天山绿茶等。蒸青绿茶是我国古代的一种制茶工艺，现代已经很少使用，通过高温蒸汽杀青制成绿茶。这一技艺传入日本后被保留了下来，日本的玉露茶、玉绿茶等都是采用这种方法制作而成。现存的蒸青绿茶中比较有名的是恩施玉露。

白茶属于轻微发酵茶。它对鲜叶原料的要求较高，要求嫩芽或嫩叶披满白毫，这样制成的茶叶外表上就能披满白色的茸毛，因成品如银似雪而得白茶。白茶不经过杀青和揉捻工艺，一般只通过萎凋和干燥两道工序，关键一步在于萎凋。萎凋又分为室内自然萎凋、复式萎凋和加温萎凋。具体选用哪种萎凋方式要根据气候灵活掌握。比如，春夏秋不闷热的晴朗天气，就可以采取室内萎凋或复式萎凋，这种方法制作成的白茶既没有破坏茶叶中酶的活性，又没有发生促进茶叶的氧化作用，还可以保持白毫。冲泡后汤色清澈浅淡，滋味醇厚，香气芬芳，汤味鲜爽。根据原料要求的不同可以分为白毫银针、白牡丹、贡眉、寿眉等几个品种。银针白毫采用单芽为原料，按照白茶的加工工艺加工而成；白牡丹多采用一芽一二叶加工制作而成；贡眉则采用菜茶的一芽一二叶加工而成；寿眉则采用抽针后的鲜叶按照白茶的制作工艺加工制成。

黄茶的制作工艺与绿茶相似，它属于轻发酵茶类，与绿茶相比，增加了一道“闷黄”的工艺。黄茶是我国所独有，根据鲜叶嫩度的不同，可以把黄茶分为黄芽茶、黄小茶、黄大茶。黄芽茶是用嫩芽或者一芽一叶加工而成，特点是芽嫩汤黄，气味芬芳馥郁，代表品种包括君山银针、蒙顶黄芽、霍山黄芽等。黄小茶是用细嫩的芽叶加工而成，特点是茶汤橙黄透亮，香气浓郁，代表品种包括北港毛尖、平阳黄汤、温州黄汤等。黄大茶是用芽和二、三、四叶加工而成，特点是条索粗壮、耐泡，茶汤呈黄褐色，味浓香高。

青茶又名乌龙茶，属于半发酵茶，于清代雍正年间创制。据福建《安溪县志》

记载：“安溪人于清雍正三年首先发明乌龙茶做法，以后传入闽北和台湾。”因其有分解脂肪、减肥美容的功效受到广大爱美女性的欢迎。青茶的种类根据其产地划分，可分为闽北乌龙、闽南乌龙、广东乌龙、台湾乌龙。闽南乌龙的主要产地为福建南部的安溪、永春、南安、同安等地，闽南乌龙分为清香型和浓香型两种。因为在干燥过程中加入了包揉工序，除了一些特殊的方形外，一般的闽南乌龙都是卷曲形。主要品种包括漳平水仙、安溪铁观音、永春佛手、黄金桂、白芽齐兰等。闽北乌龙主要产地为福建北部的武夷山、建阳、建瓯、水吉等地。闽北乌龙的发酵程度较高，因而茶叶色泽较为乌润，汤色偏橙红色。主要品种包括大红袍、武夷肉桂、闽北水仙、铁罗汉、白鸡冠、水金龟等。广东乌龙的主要产地在广东东部的潮安、饶平、汕头等地，其特点是茶叶条索肥壮紧结，色泽青褐而牵红线，具有天然的花香，耐冲泡，连冲十余次，仍有香气溢余杯外。较有名的品种包括凤凰单丛、凤凰水仙、岭头单丛等。台湾乌龙的主要产地为我国台湾地区，其制茶工艺源于福建，此后又有略微改变，包含的品种很多，按发酵程度的不同可以分为轻发酵品种、中度发酵品种、重度发酵品种等。主要品种包括文山包种、冻顶乌龙、阿里山乌龙、梨山茶、东方美人等。

红茶属于全发酵茶，采用新鲜的芽叶经萎凋、揉捻、发酵、干燥等一系列工艺制成。红茶分为红条茶和红碎茶。红条茶是我国的传统红茶，又可以分为工夫红茶和小种红茶。工夫红茶的得名于制作时要特别注重条索的完整紧结，因而非常费时费工。因产地、茶树品种、制作技术的不同，工夫红茶又分为祁红、滇红、川红、越红、湖红、闽红、宁红等。冲泡后，汤色红亮，滋味醇甜，香气馥郁。小种红茶产于福建，又有正山小种和外山小种之分，由于小种红茶在加工过程中加入了松柴明火加温，故制成的茶叶含有松烟香。红碎茶是供应国际茶叶市场的大宗商品，是将红条茶切碎而成，有叶茶、碎茶、片茶和末茶四个品种。红茶的主产地在中国，此外斯里兰卡、印度、印度尼西亚、肯尼亚等国也有生产，这些国家以生产红碎茶为主。

黑茶属于后发酵茶，选用的原料粗老，制作时发酵时间长，故其成品多呈油黑或黑褐色，故而称为黑茶。黑茶的主要制作包括杀青、揉捻、渥堆和干燥四道工序，主产地为广西、四川、云南、湖北、湖南、陕西、安徽等地。黑茶是我国的特有茶类，产量仅次于绿茶和红茶。黑茶分为紧压茶、散装茶和花卷茶三大类。其中紧压茶为砖茶，主要包括黑砖、花砖、茯砖、青砖茶等，多供应边疆少数民族地区，又称边销茶。散装茶包括天尖、贡尖、生尖等，分别用一二三级黑毛茶压制而成。花卷茶包括十两、百两、千两等。黑茶较为出名的品种包括云南普洱茶、湖南黑茶、四川边茶、广西六堡茶等。

此外，按照采摘的季节，还可以分为春茶、夏茶、秋茶、冬茶。按照再加工分，可分为花茶、紧压茶、萃取茶、果味茶、药用保健茶、含茶饮料、抹茶等。

（二）点茶粉的种类及制作

点茶所用的点茶粉是茶经过碎茶、碾茶、磨茶、罗茶等步骤制成的。一般来说，所用的茶分为仿宋的团茶和当代的各种茶叶。当代的各种茶叶在上文已做详细的介绍，不再赘述。这里主要介绍仿宋的团茶。

团茶是一种小饼茶，其中比较名贵的是宋代宫廷的贡茶龙凤团茶，龙凤团茶是以福建北苑的鲜芽精制而成，其工艺繁复精湛，是团茶中的精品。根据茶饼上印的花纹的不同名称也不同，印有龙纹的被称为龙团，印有凤纹的被称为凤饼。宋徽宗在《大观茶论》中曾写道："本朝之兴，岁修建溪之贡，龙团凤饼，名冠天下。"团茶经历了从添加香料到不添加香料的发展过程，现在使用的团茶一般都不添加香料。

赵汝砺在《北苑别录》中记载了团茶的制法，团茶的制作过程可以分为七步，分别是采茶、拣芽、蒸茶、榨茶、研茶、造茶、过黄。

第一步，采茶。"日出露曦，则芽之膏腴立耗于内，及受水而不鲜明。"太阳出来以后，茶芽的精华容易受损，因此采茶最好安排在天亮之前。选择肥嫩的茶芽，迅速将其掐断，以免拉扯损害了茶芽的品质。

第二步，拣芽。采摘回来的茶芽质量不一，要认真挑选，这样制作出来的茶才有好的品质，宋人依次将茶芽从里到外分为小芽、中芽、紫芽、白合、乌蒂。一般以小芽中最精者水芽为最佳，中芽也可选用，紫芽、白合、乌蒂一般不选用。

第三步，蒸茶。采摘回来的茶芽需要用泉水洗净，再放入蒸笼蒸。蒸茶需要专业的技师把关，要将茶芽蒸熟蒸香，这个过程需要把握精准。否则，过熟制作出来的茶颜色发黄，味道寡淡；不熟则茶色青有沉淀。

第四步，榨茶。榨茶是将蒸熟的茶芽用水淋数次冷却后，置于榨床上榨去水分和油膏，榨油膏前先用布包裹，再用竹皮包裹。半夜时，要将茶从榨床上拿起来回揉搓，揉搓后再放回榨床，如此反复，一直到榨干水分为止。这样制作出来的茶味道才会醇厚。

第五步，研茶。经过榨茶工序的茶已经没有水分了，因此研茶时需要加水才行，加水时需要一杯一杯加，每种团茶加水的量不尽相同。研磨次数越多，茶越细，研茶需要臂力强劲的人才能完成。品质好的茶，一般一人一天也只能研一团茶。

第六步，造茶。造茶就是将研磨好的茶放入模具中。

第七步，过黄。过黄就是干燥团茶。先将团茶用烈火烘焙，再从滚烫的水中焯过，如此反复三次，将团茶用温火焙干，再放入密闭的室内，以扇快速扇动。这样，团茶才算制作完成。

制作好的团茶，在点茶前，又要经过碎茶、碾茶、磨茶、罗茶工序，才能得到点茶需要的末茶。

此外，也可以采用现代工艺，将茶叶制作成点茶粉。

很多点茶人，是将市场上的茶叶碾磨成粉，自制点茶粉。

我们暂且不谈制作团茶或茶叶的过程，碎、碾、磨、罗茶对环境与器具有较高要求，一般个人操作很难达到，从健康卫生的角度出发，使用种、采、制过程都成熟的抹茶，是不错的选择。

（三）茶叶的识别方法

季节、存储时间、产地等对茶叶品质会产生较大的影响，因此，点茶师在辨别茶叶的基础上，还要学会一些基本的识别方法。这里主要介绍的是春茶、夏茶、秋茶的特点和识别，新茶和旧茶的特点和识别，高山茶和平地茶的特点和识别。

第一，春茶、夏茶、秋茶的特点和识别。

各个季节茶树的生长环境不同，采摘的茶叶口感和营养成分也不尽相同。点茶师要学会区分春茶、夏茶、秋茶，这样可以为顾客提供更好的建议。一般来说，茶树经过一年的休养生息，春天采摘的茶叶更加肥嫩，营养成分也更加丰富，而且这个时期茶树一般没有病虫害，因而春茶的品质更高，很多名贵的茶叶如西湖龙井、黄山毛峰等，都选择春茶作为原料。夏茶的生长速度快，容易老化，茶叶中的氨基酸、维生素等含量减少，因此，制作的茶叶滋味不够鲜爽。而咖啡碱、茶多酚、花青素等含量明显增高，故而制作的茶叶滋味有些苦涩。秋天，茶树在经过春天和夏天的两轮采摘后，新长的芽叶缺少营养，因此制作的秋茶滋味较为寡淡，香气欠浓。而且由于秋天的降雨量减少，茶叶也较为枯老。

点茶师可以通过干看和湿看两种方法辨别茶叶。

干看即直接对茶叶进行观察。以绿茶为例，春茶的特征是肥厚壮实，多有白毫，条索紧结，香气馥郁。夏茶色泽灰暗，条索松散，香气粗老。秋茶色泽黄绿，茶叶大小不一，叶张轻薄瘦小，香气平和。

湿看即对茶叶冲泡后进行观察。以绿茶为例，春茶香气持久，滋味鲜爽，茶叶冲泡后下沉快，芽叶较多。夏茶香气稍浅，滋味略微带涩，茶叶冲泡后下沉慢，芽叶少，且呈铜绿色。秋茶的茶汤香味和滋味都很平淡，叶张大小不一。

第二，新茶和旧茶的特点和识别。

茶叶在放置一段时间后，香气、滋味、颜色以及茶叶本身所含的酸类、醛类、酯类等物质都会发生变化。一般来说，除了一些越陈越香的茶，陈茶冲泡的茶汤口感通常不如新茶。人们往往更青睐新茶，“以新茶为贵”。当然也有例外，一些黑茶如广西的六堡茶、云南的普洱茶等，在储存过程中形成的陈气，与茶叶相互作用、相互协调，反而形成消费者喜欢的味道，更受欢迎。

因此，点茶师要学会分辨新茶和陈茶。可以从色、香、味三个方面来判断。新茶无论是茶叶本身还是茶汤的颜色都比陈茶更鲜亮，香气也比陈茶更清新，滋味比陈茶更鲜爽。但新茶和陈茶是相对的，有时候存储得当的陈茶可能比随意放置的新茶口感更好。

第三，高山茶和平地茶的特点和识别。

茶树喜温、喜湿、耐温的特性决定了更适合在高山上生长，民间自古有“高山出好茶”的说法。然而，据调查显示，所谓的高山，并不是越高越好，一般海拔高的高山出产的品质最好，而海拔过高，茶叶的品质也会受影响，口感较为苦涩。与平地茶相比，高山茶的茸毛更多，鲜嫩度更好，芽叶更加肥壮，香气更浓郁，更耐冲泡。

二、点茶用器

陆游在《池亭夏昼》中曾这样描述碾茶和煮水的过程：“小磑落茶纷雪片，寒泉得火作松声。”表达了点茶过程中的美好景象。在现在的点茶过程中，虽然与当时的环境和点茶器具都有所不同，但万变不离其宗，现在的点茶用器是以宋代的点茶器具为原型改良的，用到的点茶器具包括仿宋点茶器具、当代改良与创新点茶器具两大类。其中沿用至今并十分具有代表性的，当属审安老人在《茶具图赞》中提到的“十二先生”（即十二种茶器具），并用拟人手法赋予这些器具姓名、字、雅号，现代人提到这些茶器具时，仍然会使用其名称呼。

接下来我们主要介绍审安老人在《茶具图赞》中提到的“十二先生”，即韦鸿胪（茶炉）、木待制（茶槌、茶臼）、金法曹（茶碾）、石转运（茶磨）、胡员外（杓）、罗枢密（茶罗）、宗从事（茶帚）、漆雕秘阁（盏托）、陶宝文（茶盏）、汤提点（汤瓶）、竺副帅（茶筅）、司职方（茶巾）。

（一）韦鸿胪（茶炉）

韦鸿胪，名文鼎，字景旸，号四窗间叟。

赞曰：祝融司夏，万物焦烁，火炎昆岗，玉石俱焚，尔无与焉。乃若不使山谷之英堕于涂炭，子与有力矣。上卿之号，颇著微称。

茶叶在饮用前，需要先用火烤干，但茶叶不宜直接和明火接触，因此需要茶炉作为中介隔笼烘烤，便于接下来处理。“韦”在这里同“苇”，意指竹子，这里表示茶炉是用坚韧的竹子制成。“鸿胪”的“胪”与“炉”同音，指执掌礼仪的官员，“文鼎”和“景旸”，在这里表示生火的炉子。“四窗间叟”表示茶炉可以通风。

茶炉也叫作茶焙笼或烘焙笼，现代烘烤茶叶时，仍然会用到茶焙笼，不过形态已经有了改良，一般不需要加炭或明火进行烘焙，而是用电加热烘焙，更加清洁、安全。

（二）木待制（茶槌、茶臼）

木待制，名利济，字忘机，号隔竹居人。

赞曰：上应列宿，万民以济，禀性刚直，摧折强梗，使随方逐圆之徒，不能保其身，善则善矣，然非佐以法曹、资之枢密，亦莫能成厥功。

在准备点茶粉的过程中，需要先将茶放入茶臼中用茶槌捣碎，为下一步做准备。点茶时需要将点茶粉研磨至100目以上，这样点出的茶，茶汤才会好看。因此，在点茶器具中，有很多捣碎茶叶的工具，木待制就是其中之一。将其取名为木待制，姓“木”，表示这两样器具的材质是木头，“待制”也是一种官名，有轮流值日，以备顾问的意思，正好和茶槌、茶臼的功能与使用频率相吻合。

（三）金法曹（茶碾）

金法曹，名研古、轹古，字元锴、仲鉴，号雍之旧民、和琴先生。

赞曰：柔亦不茹，刚亦不吐，圆机运用，一皆有法，使强梗者不得殊轨乱辙，岂不韪欤？

茶碾的作用是将捣碎的茶碾成茶末，其作用和形态与药碾很相似。姓“金”，表示茶碾是由金属制成，而法曹是一种司法机关。金属碾在宋代已经很常见，我们可以在很多诗歌中找到金属碾的踪迹。比如，陆游在《昼卧闻碾茶》中写道：“玉川七碗何须尔，铜碾声中睡已无。”范仲淹在《和章岷从事斗茶歌》中写道：“黄金碾畔绿尘飞，紫玉瓯心雪涛起。”

（四）石转运（茶磨）

石转运，名凿齿，字遄行，号香屋隐君。

赞曰：抱坚质，怀直心，啖嚅英华，周行不怠，斡摘山之利，操漕权之重，循环自常，不舍正而适他，虽没齿无怨言。

茶磨的作用是将经过茶碾工序得到的茶末进一步碾磨成粉。姓“石”，表示茶磨是由石头制成的，这样的材质不易损害茶叶本身的品质。“转运”是负责一路或数路财富的长官，从字面上看有辗转运行之意，因茶磨工作时需来回转动，故为其取名“石转运”。

（五）罗枢密（茶罗）

罗枢密，名若药，字傅师，号思隐寮长。

赞曰：几事不密则害成，今高者抑之，下者扬之，使精粗不致于混淆，人其难诸！奈何矜细行而事喧哗，惜之。

茶磨碾磨制成的点茶粉，再用茶罗筛分，这样可以得到更细的点茶粉。“枢密”既是一种官职，又与“疏密”谐音，正好与茶罗的特性相契合。

（六）宗从事（茶帚）

宗从事，名子弗，字不遗，号扫云溪友。

赞曰：孔门高弟，当洒扫应对事之末者，亦所不弃，又况能萃其既散、拾其已遗，运寸毫而使边尘不飞，功亦善哉。

茶帚用于清扫茶碾、茶磨等工具中残留的茶末、茶粉等。姓“宗”，表示茶帚的材料是用宗制成的，而“从事”是一种专管闲杂事物的官职，正好与茶帚的特性相契合。

在当代点茶中，很多点茶粉都是直接用机器加工而成，故而以上这几种工具使用的机会较少。但作为中级点茶师，还是应该了解它们的作用以及使用场景，这样可以对点茶有更深刻的认识。

（七）胡员外（杓）

胡员外，名惟一，字宗许，号贮月仙翁。

赞曰：周旋中规而不逾其闲，动静有常而性苦其卓，郁结之患悉能破之，虽中无所有而外能研究，其精微不足以望圆机之士。

杓其实就是取水的勺子，当时的勺子多由葫芦制成，故谐音称其为“胡员外”。在现代的点茶活动中，由于杓的材质多种多样，可供选择的种类很多，这种葫芦制成的杓已经不常使用了。

（八）漆雕秘阁（盏托）

漆雕秘阁，名承之，字易持，号古台老人。

赞曰：危而不持，颠而不扶，则吾斯之未能信。以其弭执热之患，无坳堂之覆，故宜辅以宝文，而亲近君子。

盏托主要置于茶盏下面，配合茶盏一起使用。点茶师在使用茶盏的时候要注意姿势和仪态要优雅。“漆雕”表明盏托外形优美，“秘阁”是君子的藏书之处，将盏托取此名，意在赞许盏托有亲近君子之意。

（九）陶宝文（茶盏）

陶宝文，名去越，字自厚，号兔园上客。

赞曰：出河滨而无苦窳，经纬之象，刚柔之理，炳其绷中，虚己待物，不饰外貌，位高秘阁，宜无愧焉。

茶盏是点茶活动中主要的工具之一，点茶活动主要在茶盏中进行，茶盏也是用于盛放茶汤的点茶用具。“陶”表明茶盏的材质是陶瓷，“宝文”表明茶盏中多有漂亮的纹路。宋时斗茶风气很盛，人们除了比试茶汤，还十分在意点茶用器的精美，因此茶盏十分讲究。

茶盏有大、中、小型之分，其中大型的茶盏口径在 15 厘米以上，中型的茶盏口径为 11~15 厘米，小型的茶盏口径在 11 厘米以下。在日常生活中，茶盏以中小器型居多。根据口沿、腹部和底足的不同，人们又将茶盏分为束口型、敛口型、撇口型、敞口型。

束口盏的口沿下有一厘米左右的凹槽，因而得名束口盏。束口盏又分为深腹型和浅腹型，其中深腹型的深度较浅腹型的更深。

敛口盏的口沿向内收敛，因而得名敛口盏。敛口盏主要用作饮茶的小杯，烧制的数量很多，是一种较为常见的器型。

撇口盏的口沿向外撇，故而得名撇口盏。由于口沿向外撇，比较容易观察茶汤，故而很受茶友喜欢。

敞口盏又称“斗笠”。撇口盏和敞口盏的区别是前者口沿外撇，盏腹有明显弧度。敞口盏口沿斜直，几乎接近直线。它们的功用基本相同。

（十）汤提点（汤瓶）

汤提点，名发新，字一鸣，号温谷遗老。

赞曰：养浩然之气，发沸腾之声，中执中之能，辅成汤之德，斟酌宾主间，功迈仲叔圉，然未免外烁之忧，复有内热之患，奈何？

在唐代煎茶中，是将茶与水一起放入瓶中共煎，而在宋代点茶中，则是将茶与水分开，将水（一般是烧开的水，也叫作汤）单独放入瓶中，因此也叫汤瓶。受斗茶等风气的影响，对汤瓶外观的要求也越来越高。汤瓶的材质很多，银、铁、陶瓷等都有，其中陶瓷的汤瓶最多，在当代点茶场景中，依然十分受欢迎。

（十一）竺副帅（茶筅）

竺副帅，名善调，号希点，号雪涛公子。

赞曰：首阳饿夫，毅谏于兵沸之时，方金鼎扬汤，能探其沸者几稀！子之清节，独以身试，非临难不顾者畴见尔。

在宋代，点茶的工具也经历了变化，初期和中期主要以茶匙作为点茶器，而后加入茶筅，最后茶匙退为量取点茶粉的茶器，而茶筅成为主要的点茶器。

茶筅经海上丝绸之路传播到日本，在日本茶道中发挥着重要的作用。日本的茶道受宋代的点茶影响很大，他们也选择用茶筅来搅拌点茶粉和水。日本根据竹穗数量的不同将茶筅分为平穗(16本)、荒穗(36本)、野点(54本)、常穗(64本)、数穗(72本)、八十本立(80本)、百本立(100本)、百二十本立(120本)等，不同的抹茶搭配不同竹穗数量的茶筅。

（十二）司职方（茶巾）

司职方，名成式，字如素，号洁斋居士。

赞曰：互乡之子，圣人犹且与其进，况瑞方质素经纬有理，终身涅而不缁者，此孔子之所以洁也。

姓“司”，表示材质是丝织品，而“职方”是一种掌管地图和四方的官职，在这里则表示茶巾是方形的。此外，“如素”“洁斋”等都表示茶巾是清洁茶器之物。

三、点茶席的布置

茶席起源于唐代，在宋代得到发扬光大，宋人在茶席上加入了插花、熏香等物件，将自己的生活美学注入其中，使得点茶席别具一格。中级点茶师要学会布置仿宋点茶席，使顾客在茶席中，得到精神的洗涤和升华。

（一）点茶席的布置要素

一般来说，点茶席的布置要素包括茶品、点茶器具、铺垫、传承说明、插花、焚香、茶挂、工艺品、茶点、背景等。

这里的茶品主要指点茶粉。在当代的点茶席中，会直接使用碾磨好的点茶粉，将其放置在茶盒中，方便拿取。茶磨、茶碾、茶罗、茶炉、茶臼、茶杵等工具不摆放在点茶席上，如需展示或使用，可放置在另一张桌上或地上。

点茶器具主要包括茶盏、汤瓶、茶匙（带架）、茶筅、水盂、茶巾等。

铺垫指铺在桌子上，放置点茶器具的桌布，一般起到衬托主题的作用。点茶师可以根据主题的不同更换铺垫。

传承说明陈放在茶席上或茶室内，说明点茶师的点茶资历，可以通过传承说明了解点茶师的身份、师承、习茶时间、级别等。最高级别的传承说明包括《点茶师职业技能证书》、最高级别的《点茶证》《传承书》《非遗宋代点茶传承谱》等，非点茶师或传承人，可陈放《点茶道》明志，也可以陈放《大观茶论》《茶录》等说明点茶法。

插花一般以应季的花草为原材料，通过一系列的艺术加工，起到衬托点茶精神、烘托点茶主题的作用。

焚香，通过焚熏各种香料，让身处茶席中的人们获得嗅觉的享受，在香气氤氲中获得精神的升华，这种艺术形式已经融合进点茶文化中，丰富了点茶的内涵。

茶挂，指在点茶空间中悬挂的书画，起到衬托点茶席的作用。

工艺品，有时为了衬托茶席或者美化点茶空间，点茶师可以根据顾客的喜好，在茶席上放置一些工艺品，如茶宠、假山等，从而提升人们的点茶体验。

茶点，点茶师还可以在点茶席中摆放一些点心、茶果、茶食等，方便人们在点茶间隙拿取食用。点茶师在选用茶点的时候，要注意选择体积小、拿取方便、样式典雅、制作精细的茶点，并考虑与茶相配，让茶点也成为茶席上的一道风景。

背景主要指点茶师身后的背景，通常可以根据点茶主题设计背景。

（二）如何布置点茶席

点茶师在布置点茶席的时候，首先要理解茶道中的“两仪”“三才”“四象”等概念，再根据这些原则布置点茶席。

第一，两仪。

《易经》有言：“易有太极，是生两仪，两仪生四象，四象生八卦。”在这里，两仪指的是阴和阳。此外，两仪的概念还有诸多演变，如天与地、奇与偶、刚与柔、玄与黄、乾与坤、春与秋、不变与变等。总之，天地万物都可以被看作这两个相对的概念。

具体到茶道中，可以将两仪理解为“清”与“和”。“清”在这里指的是没有混杂的物质与精神，如点茶粉、水、空气、点茶器等与点茶师点茶前的状态；“和”指的是融合在一起，如茶汤与点茶师点茶后的状态。“清”可以理解为清静、清洁、清雅、清美、清明、清心；“和”可以理解为和口、和乐、和睦、和平、和善、和合。对“清”与“和”的外化的理解，也是点茶的规范，即无论是作为点茶师，还是顾客，在点茶过程中，都要做到清静、清洁、清雅、清美、清明、清心、和口、和乐、和睦、和平、和善、和合。这其中体现了“致清导和”的茶道精神。

“清”与“和”总是同时出现的，只有“清”或者只有“和”都是不符合要求或不符合茶道精神的。

第二，三才。

我国的很多古代典籍都提到了“三才”的概念。比如，《易传·系辞下》：“有天道焉，有人道焉，有地道焉。兼三才而两之，故六。六者非它也，三才之道也。”《三字经》：“三才者，天地人。三光者，日月星。”孔子曰：“三才者，天地人。”

我们从中可以得知，“三才”指的是“天”“地”“人”。

《易经·说卦》中说道：“是以立天之道，曰阴与阳；立地之道，曰柔与刚；立人之道，曰仁与义；兼三才而两之，故《易》六画而成卦。”按照这个原则，在茶席的布置中，也按照“天”“地”“人”的“三才”布置。将面向顾客的那端视为“天”，意为阴阳调和；将面向点茶师的这端视为“地”，意为刚柔相济；将“天”与“地”中间的部分视为“人”，意为仁与义。点茶师可以按“地”“人”“天”的顺序，从下往上布点茶席（见图 5-1、图 5-2）。

图 5-1 点茶师布置点茶席的顺序

图 5-2　点茶席中的“天”“地”“人”三才

点茶席可以分为“天”“人”“地”三条线，这三条线上可以放置不同的器物，见下表。

表 1　点茶席三条线摆放的器物

位置	天	人	地
器物	艺（花瓶、香炉等）、书（传承说明）、盏托、茶合、品杯（可带杯垫）、茶匙（带架）、茶针、茶杓（带架）、茶筅（点茶前后）等	汤瓶、茶盏、筅（点茶中）、水盂等	风炉、茶席、茶巾等

第三，四象。

在我国古代，人们把天空中的恒星划分成为“三垣”和“四象”七大星区。而“四象”，指的就是天空中东南西北这四大星区。“三垣”中的“垣”是“城墙”的意思。“三垣”即“紫微垣”“天市垣”“太微垣”。“紫微垣”象征皇宫；“天市垣”象征街市；“太微垣”象征行政机构。这三垣围绕着北极星呈排列成三角状。在“三垣”的外围分布着的就是“四象”，即东苍龙、南朱雀、西白虎、北玄武。

点茶席是点茶师的“天地”，将四象对应到点茶席中，非遗宋代点茶青白三品茶席布席如下：点茶师端坐，面向茶席，汤瓶放在左手青龙位，茶合、茶匙（带架）放在较远的前方朱雀位，茶筅（点茶时）放在右手白虎位，茶巾放在较近的前方玄武位，茶盏放在中间的黄龙位。

（三）布席时的注意事项

点茶师在布席时，应该注意一些细节，以便更好地完成点茶工作。总结起来主要包括七点。

第一，确认是几人席。点茶师在布席时，首先要确认是几人席，再根据人数安排点茶空间，布置点茶席。比如，根据人数选择椅子的数量、茶盏的数量，还可以根据人数选择制作茶饮的多少等。

第二，检查点茶器是否破损，有无脏污。使用破损或脏污的点茶器招待顾客是非常失礼的行为，因此点茶师在正式开始点茶活动之前一定要对摆上茶席的点茶器再检查一遍。如果发现点茶器有破损，应及时更换；点茶器有脏污，应及时清洁，必要时可以更换。

第三，检查点茶粉。在摆好茶席之后，点茶师需要再确认一遍摆放的点茶粉是否是要求的点茶粉，量是否充足。

第四，提前演练一遍。在正式进行点茶活动之前，点茶师可以在摆放好的茶席前演练一遍。演练时，注意是否有遗漏的物品，点茶器的位置摆放是否正确。没有演练条件，如时间不允许、所需点茶粉的量适中不能多消耗，那么可以在大脑中把全过程与各个细节演练一遍。

第五，以客为尊。在茶席中，要遵循“以客为尊”的原则。因此，点茶师在摆席时，要注意不要将瓶嘴朝向顾客。如果茶席上摆放了插花、茶食和器皿等，要将插花和器皿最美的一面对着顾客，将茶食放置在顾客容易取到的位置。

第六，里外一致摆真席。这句话的意思是茶席以外不要有“不可示人”的空间，因此点茶师在摆好茶席之余还要注意检查茶席周围的空间是否有遮挡，或者有隐蔽处等。要处理好茶席周围的空间，保证环境的清雅。

第七，提前安排好位置。点茶师要以点茶器具的摆放位置为原则提前安排好顾客的位置，将尊长者、行动不便者等安排在离汤瓶或火源最远的位置，将协助自己的人安排在离汤瓶或者火源较近的位置，便于及时补给物品。

第二节　宴饮点茶

中国是茶的故乡，茶乃国饮。我国的饮茶之法先后经历唐代烹茶、宋代点茶、明清泡茶以及当代饮法几个阶段。宋代点茶最能代表中华茶道精神，被称为最美、最雅茶事，是中国茶史上的璀璨明珠。因明代朱元璋“废团兴散”，宋代点茶在中华大地上几近失传，七八百年间再也看不到它的踪迹。然而，点茶却在南宋时传入日本，在日本发扬光大，成为闻名世界的日本茶道。浙江中国茶叶博物馆从2008年起对“宋代点茶技艺和文人茶会复原”展开研究，并于2011年面向游客进行宋代点茶表演[1]；本书作者宋联可自幼传习宋代点茶，1999年开始研究适合当代茶饮的点茶法，2015年筹建点茶研学基地，2016年举办第一期点茶雅集，2020年举办第一期点茶宴。

作为一名中级点茶师，要能展示、分享生活点茶，还能组织点茶宴。在本书第一部分中，我们已经介绍了茶汤点茶法和三汤点茶法。在本节中，我们将介绍生活点茶和非遗七汤点茶法，以及点茶宴与斗茶的知识，让点茶宴更雅致、更有趣、更丰富。

一、生活点茶

生活点茶指在较为轻松的环境中，如生活中，进行的点茶活动，这类点茶对器物和手法等要求较低，主要作为一种日常活动。

[1] 周文劲，乐素娜．中国茶艺图解：琴韵茶烟共此时[M]．杭州：浙江摄影出版社，2012：58-68.

（一）筛茶

在生活中，点茶一般都选用制作好的点茶粉。然而受茶叶吸湿性的影响，这些点茶粉放置一段时间后容易凝结成团。另外，即使干燥的点茶粉放在包装袋中，也有可能受静电影响而聚拢成团。如果直接用这些点茶粉，在点茶时，可能会击打不散；饮用茶汤时，口感也会受到影响。

因此，在点茶之前，首先要进行筛茶。筛茶的工具既可以是专用的茶筛，也可以是日常生活中常见的细密筛，只要能将点茶粉筛下，保证点茶粉与点茶粉团分离即可。筛茶时，一只手用茶匙或者竹刮将点茶粉打散，另一只手抖动茶筛，将点茶粉筛下。筛好点茶粉后，将点茶粉装入罐中备用。

因为在筛茶的过程中容易产生新的污染，建议尽量不要采用这种方法。如果购买了正规的、保存良好的点茶粉或者抹茶，那么就不要这一步。

（二）烧水

用烧水器煮水，水开后，先用一部分水来“温杯洁具”，即用沸水冲涤点茶器。另一部分水注入汤瓶中用来点茶。在这里，要注意的是，在用沸水冲涤茶盏后，趁着茶盏还留有余温，将点茶粉拨入。茶筅是竹制的，在温杯洁具这一环节应该用温水将茶筅湿润，以便在接下来的环节中使用。

点茶用水最好的是泉水，其次是溪水和天落水，如果没有条件获得这些水，或者这些水已经受到污染，用矿泉水、符合饮用标准的自来水也是不错的选择。烧水工具可以选择电茶壶等家用电器，也可以选用传统的炭火加热容器煮水，不论用那种方式，都要注意用电用火安全。

（三）用茶和用水量

点茶粉一般用茶匙量取，使用标准盏点茶时，可以取用一匙半点茶粉，也可以根据自己的口味增加或者减少。一般标准盏的满盏可盛水 300~360 毫升，盏高 6~7.5 厘米，盛水到束口线时可以达到 150~180 毫升。注水时，可以分多次完成，一般总量控制在满盏的四至六成。

（四）点茶

准备好上述工作后，就可以开始点茶了，点茶的第一步是调膏，即先将点茶粉拨入盏内，再注水，用茶筅将其调成膏状。第二步是加水点茶，可以将水分多次加入。

在点茶时，要注意使用茶筅的技巧，茶筅的持法一般是五指紧抓茶筅的顶部，弯曲呈拱形，五指中，拇指独立，其余四指贴合。拿茶筅时，注意不要超过节口。

正式开始点茶后，在运筅、击拂时，要注意运用手腕发力，所以茶盏的位置要低，便于下臂自然下垂用使手腕发力。所以，在一般的茶桌上点茶时，点茶师应该坐在较高的椅子上或站起来点茶。点茶时，下臂和手指无须发力，由手腕发力，速度和力量兼顾。点茶时，要先深后浅，即先从盏底开始点，随着泡沫和注水量的增多，再逐渐上移。最终使茶汤出现稳定而持久的沫饽，呈现咬盏的状态。

（五）置托品饮

当茶汤和汤花适中并呈现最佳的效果后，就可以将茶盏置于盏托上，准备品饮了。

二、七汤点茶法

宋徽宗在《大茶观论》中记载了七汤点茶法的步骤，书中对点茶的步骤、所用点茶器、点茶技巧等都做了详细的说明。中级点茶师要理解七汤点茶法，并掌握七汤点茶法。

（一）调膏：调如融胶

量茶受汤，调如融胶。

量取适量点茶粉，用沸水注入盏中，用茶筅调膏，将其调成胶状物，调到像融胶一样就可以了。点茶粉完全与水融合，茶粉之间也都咬合在一起。

（二）第一汤：疏星皎月

环注盏畔，勿使侵茶。势不欲猛，先须搅动茶膏，渐加击拂。手轻筅重，指绕腕旋，上下透彻，如酵蘖之起面。疏星皎月，灿然而生，则茶面根本立矣。

调好膏之后的第一次注汤，要将沸水沿着茶盏注下来，顺势将附着在茶盏周围的茶冲入盏心。手持茶筅，用手腕绕着中心搅动茶膏，渐渐加大力气转动击打，在这个过程中，要将力量用在茶筅而不是手上。这时的茶汤就像发面一样渐渐发起，好像“疏星皎月，灿然而生”。需要注意的是，在点第一汤时，注水不宜太多，用力不宜太重，时间不宜过长。

（三）第二汤：珠玑磊落

第二汤自茶面注之，周回一线。急注急止，茶面不动，击拂既力，色泽渐开，珠玑磊落。

第二汤注入沸水时，要将水从茶面注入，而不是沿着茶盏注入，注入时，要绕一周。注意注水时要做到急注急止，不要淋淋漓漓，稀稀拉拉，破坏茶面。手持茶筅用力击拂茶汤，使茶面的汤花渐渐显现光泽，产生珠玑似的大泡泡和小泡泡，这便是“珠玑磊落”。第二汤击拂的要诀是快速和发力。

（四）第三汤：粟文蟹眼

三汤多寡如前，击拂渐贵轻匀，周环旋复，表里洞彻，粟文蟹眼，泛结杂起，茶之色十已得其六七。

第三汤注汤的多寡和之前的相似，但是要注意击拂时茶筅的力量要逐渐变轻且均匀，周环旋复，从而将大泡泡都击碎成小泡泡，使茶面的汤花看上去像粟粒、蟹眼一样，缓缓涌起，这时茶汤的颜色已经达到十之六七。

（五）第四汤：轻云渐生

四汤尚啬，筅欲转稍宽而勿速，其真精华彩，既已焕然，轻云渐生。

第四汤注水要少，茶筅转动的幅度要比第三汤大，但速度要变慢。这时汤花渐渐发白，如云雾般涌起，这就是所谓的“轻云渐生”。

（六）第五汤：浚霭凝雪

五汤乃可稍纵，筅欲轻盈而透达。如发立未尽，则击以作之；发立已过，则拂以敛之。结浚霭，结凝雪，茶色尽矣。

第五汤击拂可以随意一些，茶筅要轻盈而透达，不必用太多力气。如果汤花没有泛起来，那就用力打发让它泛起来；如果汤花打发得太过，那就用茶筅轻轻拂动使它凝结起来。这时击拂要让茶面做到“结浚霭，结凝雪”，这样，茶色就基本显现出来了。

（七）第六汤：乳点勃然

六汤以观立作，乳点勃然，则以筅著居，缓绕拂动而已。

第六汤继续注水，用茶筅时，要缓慢，呈现乳点勃然。

（八）第七汤：稀稠得中

七汤以分轻清重浊，相稀稠得中，可欲则止。

第七汤何时停，观察茶汤决定。

三、点茶宴

茶宴是古代的茶文化的主要表现形式之一，受许多文人雅士和王孙贵族的追随。茶宴又称茶会、茶社、汤社等，以茶代酒做宴，有款待宾客之举。茶宴始于南北朝，兴于唐，盛于宋。

（一）茶宴的起源

早在三国时期，就有“密赐茶以当酒”的说法。在一次宴会上，东吴皇帝孙皓为了照顾不善饮酒的重臣韦曜，暗中将茶汤装入韦曜的酒壶里以茶代酒。由于这样的行为是暗中进行的，其他人喝的仍然是喝酒，所以说明这是酒宴，而不是茶宴。

有人认为，茶宴的雏形出现在西晋时期。西晋以清廉为美名，有史料记载，当时的吴兴太守陆纳招待谢安将军时，宴会上“所设惟茶果而已”。然而却因其侄子嫌弃太寒酸而摆出山珍海味。据《晋书·桓温传》记载，陆纳“温性俭，每宴惟下七奠，柈茶果而已”，说明他平时也会用茶来招待宾客。

最早关于“茶宴”的记载则出现在南朝宋人山谦之的《吴兴记》一书中，作者在书中写道：“每岁吴兴、毗陵二郡太守采茶宴会于此。”

（二）唐代茶宴

到了唐代，饮茶方法的改进使得茶成为当时上层社会流行的品饮，茶宴之风开始盛行，并且逐渐正式化。当时的茶宴分为三种形式。

第一，清饮，即与朋友相约在花间竹下，纵情山水，以茶代酒。比如，唐代“大历十才子”之一的钱起在《过长孙宅与郎上人茶会》中写道：“偶与息心侣，忘归才子家。玄谈兼藻思，绿茗代榴花。岸帻看云卷，含毫任景斜。松乔若逢此，不复醉流霞。”他在《与赵莒茶宴》中写道：“竹下忘言对紫茶，全胜羽客醉流霞。尘心洗尽兴难尽，一树蝉声片影斜。”

第二，寺院等举办的茶宴，一般较为大型，如径山茶宴、喇嘛寺茶会等，参加这种茶宴的宾客人数从几十人到上万人不等。清人徐承烈在《越中杂识》中写道：“云门寺，在府城南三十里云门山，晋中书令王献之宅也，后改为寺。”唐代诗人严维、郑槩、鲍防等，曾在云门寺煎茶品饮，吟诗咏怀。所谓云门茶宴，即是其在烟树林下，焚香啜茗，听琴赏景，吟咏述怀的雅集。[1]

第三，在茶叶收获的季节，在产地举办的品茗歌舞宴会。目的是庆祝茶叶的丰收。比如，唐肃宗年间，湖州和常州的太守每年都要举办“境会亭”，目的是品尝和审定贡茶，届时，皇帝派茶使专门监制，形成一年一度的茶宴。唐代诗人白居易曾写诗这样描述茶宴：“遥闻境会茶山夜，珠翠歌钟俱绕身。盘下中分两州界，灯前合作一家春。”

（三）宋代茶宴

到了宋代，茶宴之风更盛，从朝廷到民间，从寺院到文坛，都有茶宴的影子。北宋时，还有皇家的茶会。特别是宋徽宗赵括，不仅好以茶宴宴请群臣，还亲自为群臣烹茶，将其作为安抚下臣的方式。

宋代的茶宴形式，我们可以从三方面来体会。

第一，延福宫曲宴。宋代最有名的茶宴是宋徽宗在延福宫举办的曲宴，其权臣

---

[1] 节选自杭州文史网站《径山茶宴的历史》。

蔡京在《延福宫曲宴记》中记载了这件事:“宣和二年十二月癸巳……上命近侍取茶具，亲手注汤击拂，少顷，白乳浮盏面，如疏星淡月，顾诸臣曰：此自布茶。饮毕皆顿首谢。”宋徽宗以建窑贡瓷“兔毫盏”作为点茶之器，在这次宴会上亲自表演了分茶，并将其赐给群臣，群臣饮过茶汤后，顿首谢恩。此后，这种由皇帝设茶宴飨群臣的形式得到传承。比如，清代的乾隆年间，这种茶宴一般在元宵节后三日举办，且每年举办一次，宴席上，演戏赐茶，赋诗联句。

第二，《文会图》。宋徽宗在他的绘画作品《文会图》（见图 5–3）中还描绘了北宋文人雅士聚会品茗。在这幅绘画中，文人雅士围坐在树下的大案旁畅谈，还有两位文士正在树下寒暄。案上摆放的果盘、酒樽、杯盏井然有序。垂柳后的小几横着一张仲尼式古琴、几页琴谱和一尊香炉，似乎刚刚有人在这里弹奏美妙的古琴。

宋徽宗在画中题诗：“儒林华国古今同，吟咏飞毫醉醒中。多士作新知入彀，画图犹喜见文雄。”另有蔡京题诗一首：“明时不与有唐同，八表人归大道中。可笑当年十八士，经纶谁是出群雄。”从诗中可以看出，当时参加聚会的都是文士，且举行的也是与科举有关的诗酒之会。从这幅画中，我们也可以窥见当时宋人茶会的具体情形。

图 5–3　《文会图》

第三，文人雅集。茶出现之后，文人之间的聚会就多了品茶这个项目。晋朝之后，文人之间还流行一种“雅集”，在雅集上，“雅人”有“雅兴”，一起吟诗作对，琴、棋、书、画、茶、酒、香、花等雅元素充当配角。最有名的雅集，当属王羲之在会稽山阴的兰亭组织的“兰亭雅集”。

而到了宋代，茶文化得到了极大

的发展，茶元素在文人雅集中成为主角。当时最有名的文人雅集，是北宋驸马都尉王诜在其私人居所西园组织的“西园雅集”。元丰初年，王诜邀请了当时有名的文人雅士，包括苏轼、苏辙、黄庭坚、米芾、蔡肇、李之仪、李公麟、晁补之、张耒、秦观、刘泾、陈景元、王钦臣、郑嘉会以及圆通大师（日本渡宋僧大江定基）。这十六人游园品茶，传为文坛不朽之雅事，人们认为“西园雅集”可以与“兰亭雅集”相媲美。当时由李公麟做《西园雅集图》，米芾做文章，记录了这一盛事。后人赵令畤的《浣溪沙·王晋卿筵上作》赞叹了当时的华美风貌：“风急花飞昼掩门，一帘残雨滴黄昏，便无离恨也销魂。翠被任熏终不暖，玉杯慵举几番温，个般情事与谁论。”

当时的文人墨客还留下了许多关于点茶的诗歌，比如，米芾在宋词第一山江苏镇江北固山留下了诗作《满庭芳·咏茶》，其中写道：“雅燕飞觞，清谈挥麈，使君高会群贤。密云双凤，初破缕金团。窗外炉烟自动，开瓶试、一品香泉。轻涛起，香生玉乳，雪溅紫瓯圆。娇鬟，宜美盼，双擎翠袖，稳步红莲。座中客翻愁，酒醒歌阑。点上纱笼画烛，花骢弄、月影当轩。频相顾，馀欢未尽，欲去且留连。”上阕咏雅集烹茶，下阕引入情事，兼写捧茶之人，生动传神地再现了当时茶会的情景。

（四）明清茶会

明清的文人士大夫非常注重饮茶的环境和意境，经常在大自然中设茶宴，并且通过书画和诗歌来表现自然风光，还会在茶宴中融入诗词歌赋。我们可以从明代画家文徵明的绘画《惠山茶会图》（见图 5-4）中了解一二。在这幅绘画中山石层叠，松柏掩映，与众人相映成趣，人们或坐于泉亭之下，或列鼎煮茶，或山径信步。绘画描绘的是明朝正德十三年的清明时节，文徵明与好友蔡羽、汤珍、王守、王宠等人在游览无锡惠山途中，于惠山泉边聚会饮茶赋诗的情景，这是一次露天的文人茶会。既展现了暮春时节山林的幽美，又反映了文人的娴雅情致。

图 5-4 《惠山茶会图》

清代茶宴盛行，清宫中尤盛。据

记载，乾隆皇帝曾在重华宫举行过六十多次茶宴。康熙、乾隆在位期间都曾举行过规模宏大的“千叟宴”，宴请全国各地有代表性的老人，人数多达二三千人，参加宴会的人在席上赋诗饮茶。

四、斗茶

历史上，有很多文人墨客都曾留下过关于斗茶的诗篇，如苏轼在《荔枝叹》中写道：“君不见，武夷溪边粟粒芽，前丁（渭）后蔡（襄）相笼加，争新买宠各出意，今年斗品充官茶。”而范仲淹更是在《和章岷从事斗茶歌》中详细记载了斗茶的场面：“年年春自东南来，建溪先暖水微开。溪边奇茗冠天下，武夷仙人从古栽。新雷昨夜发何处，家家嬉笑穿云去。露芽错落一番荣，缀玉含珠散嘉树。终朝采掇未盈襜，唯求精粹不敢贪。研膏焙乳有雅制，方中圭兮圆中蟾。北苑将期献天子，林下雄豪先斗美。鼎磨云外首山铜，瓶携江上中泠水。黄金碾畔绿尘飞，紫玉瓯心雪涛起。斗茶味兮轻醍醐，斗茶香兮薄兰芷。其间品第胡能欺，十目视而十手指。胜若登仙不可攀，输同降将无穷耻。吁嗟天产石上英，论功不愧阶前蓂。众人之浊我可清，千日之醉我可醒。屈原试与招魂魄，刘伶却得闻雷霆。卢仝敢不歌，陆羽须作经。森然万象中，焉知无茶星。商山丈人休茹芝，首阳先生休采薇。长安酒价减千万，成都药市无光辉。不如仙山一啜好，泠然便欲乘风飞。君莫羡花间女郎只斗草，赢得珠玑满斗归。”

斗茶是评比茶品质与冲点技艺的活动，有很强的挑战性和趣味性，这一活动为点茶增色不少，也极大地丰富了点茶的艺术性。斗茶活动起源于唐代，兴盛于宋代，斗茶一般为两人或多人“厮杀”，三斗两胜。斗茶的内容丰富多彩，可以斗茶品、斗技艺、斗茶令、斗茶百戏，当然，在某些斗茶活动中，也会比拼仪容仪表、茶器、茶席等。斗茶的场所一般选在规模比较大的茶馆、雅洁的内室或清幽的庭院，也有在闹市街头，时间一般选在清明初期，新茶新出之时。

（一）斗茶品

在点茶中，茶“新”为贵，水“活”为上。斗茶品时，主要看两点，一是汤色，二是水痕。也可以从色、沫饽、香、味这四方面来判断。

汤色最能反映制茶的技艺，茶汤越白，越能表明茶叶原料的肥嫩以及制茶技艺的高超。因此，在斗茶活动中，最佳的茶品为纯白，其次是青白、灰白、黄白、红白、褐白，依次递减。茶色偏青，说明制茶时火候不足；茶色发灰，说明制茶时火候过大；茶色泛黄，说明茶叶偏老，采摘不及时；茶色泛红，说明烘焙时过了火候。

看水痕要看汤花和盏沿的切合度，久聚不散，即“咬盏”，这是最好的效果。如果汤花不能咬盏，很快就会散去，在汤花和盏相交的地方露出水痕，那就说明点茶并不成功。因为在点茶过程中，如果点茶粉碾磨得足够细腻，注汤、击拂等都恰到好处，那么打出的沫饽就会白、厚、密、凝，并出现咬盏的现象。因此，在斗茶时，人们会比试水痕出现的早晚，早出者为负，晚出者为胜。

此外，还可以从茶汤的味道、香味评判茶品，味道中，最佳的味道是香甘重滑。香味中，最佳的香味是有真香，入盏则馨香四达，秋爽洒然。

（二）斗茶令

斗茶令是指在斗茶时行茶令，这和斗酒时行酒令相似，是一种斗茶时助兴的游戏。宋代词人李清照就爱好行茶令，她经常和丈夫赵明诚品茶行令，她曾在《金石录》中写道：“余性偶强记，每饭罢，坐归来堂烹茶，指堆积书史，言某事在某书、某卷、第几页、第几行，以中否角胜负，为饮茶先后。中即举杯大笑，至茶倾覆怀中，反不得饮而起。甘心老是乡矣！”清代词人纳兰性德就曾就二人的故事写下了那首我们耳熟能详的《浣溪沙》：“谁念西风独自凉，萧萧黄叶闭疏窗，沉思往事立残阳。被酒莫惊春睡重，读书消得泼茶香，当时只道是寻常。”“读书消得泼茶香”就是斗茶行令的最好佐证。著名作家钱钟书先生在赠予妻子杨绛的诗中这样写道：“黄绢无词夸幼妇，朱弦有曲为佳人。翻书赌茗相随老，安稳坚牢祝此身。”其中“翻书赌茗相随老”一句就颇有“赌书消得泼茶香”的余味。可见，即使到了现代，行茶令也依旧为文人雅士所喜。

（三）茶百戏

茶百戏始见于唐代，盛行于宋代，又称分茶、水丹青、汤戏、茶戏等。是随着点茶技艺的不断提高和改进而产生的，在点茶使得茶汤产生丰富泡沫的基础上，在茶汤中作画，形成文字和图画，提高了点茶的艺术性和娱乐性，从而使得斗茶更加兴盛。茶百戏有多种方法，既有仿古也有创新，但这些并不是唯一，2020 年度点茶榜中就公布了 42 种茶百戏法。宋代流行“注汤幻茶”，注汤在茶汤表面作画，使得茶汤呈现出变幻的图案。在整个过程中，仅用到茶和水，没有其他原材料。

茶百戏体现了我国茶文化与书法、绘画的高度融合，是我国珍贵的文化遗产，也是再现宋代点茶、斗茶等不可或缺的一样技艺，是不可替代的文化资源，对于研究宋代茶文化有很高的价值。另外，茶百戏是一种非常特别的作画方式，这种作画方式不但有利于表现传统的山水画，而且对顾客有很强的吸引力，非常适用于旅游、庆典、观赏、品饮等活动，能够增加点茶的影响力和文化内涵。

茶百戏深受文人雅士的喜爱，不少文人墨客为茶百戏留下了宝贵的文字，如，陶谷在《荈茗录》中记载："茶百戏……近世有下汤运匕，别施妙诀，使汤纹水脉成物象者，禽兽虫鱼花草之属，纤巧如画，但须臾即就散灭。"刘禹锡在《西山兰若试茶歌》中写道："骤雨松声入鼎来，白云满碗花徘徊。"陆游在《临安春雨初霁》中写道："矮纸斜行闲作草，晴窗细乳戏分茶。"向子諲在《浣溪沙》中，题云："赵总怜以扇头来乞词，戏有此赠。赵能著棋、写字、分茶、弹琴。"

然而，茶百戏这一技艺却随着点茶一起没落了几百年，通过当代茶人努力，才逐渐恢复与兴盛。早年因人们了解不多，错把创新当古法宣传，导致一些错误根深蒂固。幸而随着研究点茶、茶百戏的人越来越多，一些错误的理念已不攻自破，茶百戏也呈现出百花齐放的新局面。

（四）斗茶程序与评鉴标准

组织斗茶活动，主要的斗茶程序包括九步。

第一，发布通知。向点茶人发布斗茶通知，告知斗茶时间、地点、规则、流程等事项。

第二，准备资源。根据斗茶规模与级别，召集工作人员及评委，筹措资金，准备物料等。特别是评委，需具备相应资格与资历。

第三，布置场地。按斗茶需求布置场地，保证斗茶过程中的安全，确保斗茶过程可视、公开。

第四，宣布斗茶。当场宣布斗茶相关信息，强调比赛规则。

第五，人员到位。主持人、点茶人、评委、记录员、统计员上场，各就各位。

第六，准备斗茶。首先摆放茶器，点茶器，茶盏、茶筅、汤瓶等按照指定位置摆放，规格（大小、形状、材质等）全部统一；可以增加茶席、茶巾等，规格统一。其次分发组织方提前准备好的茶。点茶粉或茶汤规格（品种、品质、量等）全部统一。

第七，斗茶。首先由主持人宣布开始，记录员开始计时。其次点茶人按要求、规则点茶。再次记录员记录全过程，评委全程在评选表上记录。最后主持人宣布结束，记录员停止计时，点茶人停止点茶，双手离开点茶器。

第八，评选。评委根据评选表上的项目、指标，依次打分，需要说明的地方填写评选理由。统计员根据各评委的打分，统计出最终结果。

第九，宣布结果。由主持人宣布最终斗茶结果。

点茶师和评委在准备和品鉴茶汤的时候，可以根据下面的九条标准进行准备和评价。

第一，健康。必须符合品饮的各类食品级标准。

第二，沫饽颜色。根据优先等级依次排序为：纯白、青白、灰白、黄白、红白、褐白。

第三，沫饽量。根据优先等级依次排序为：汹涌、多、一般、少、无。

第四，沫饽粗细。根据优先等级依次排序为：粥面、浚霭、轻云、蟹眼、无。

第五，沫饽消散。根据优先等级依次排序为：咬盏不散（放置半天以上）、咬盏慢散、慢散、持续散、速散。

第六，香。根据优先等级依次排序为：真香、纯正、平正、欠纯、劣异。

第七，味。根据优先等级依次排序为：甘香重滑、醇正、平和、粗味、劣异。

第八，仪容仪表。根据优先等级依次排序为：好、较好、正确、较差（少处错）、差（多处错）。

第九，礼仪。根据优先等级依次排序为：好、较好、正确、较差（少处错）、差（多处错）。

第六章　中级点茶师的茶间服务

第一节　茶品推介

中级点茶师在提供茶间服务时，要求较初级点茶师更高，需要掌握的知识点也更多，这就要求中级点茶师在平时多注意积累与点茶相关的知识，在进行茶品推介时，主要需要掌握能合理搭配茶点并予以推介、能根据所泡茶品解答相关问题的能力以及掌握点茶茶点搭配知识、答宾客咨询点茶的相关知识及方法等。

一、茶点的种类与制作

茶点又称茶食，是在饮茶间隙搭配茶饮食用的点心。人们在饮用大量的浓茶之后，很有可能发生“醉茶”的症状，如手足颤抖、四肢无力、恶心想吐的症状，这时候如果食用一些点心，既可以补充钠离子，又可以增加体内的血糖，可以有效预防“醉茶”。随着茶点样式的增加，茶点已经由果腹充饥的食物逐渐变为增加茶席趣味的重要组成部分，充满艺术性和观赏性。茶点的样式也朝着精致、小巧、美观、种类多样等方向发展。茶点根据时代和地域的不同，呈现出不同的特征，种类也多种多样。比如，根据时代的不同，可以分为当代茶点、古代茶点；根据地域的不同可以分为广式茶点、苏式茶点。点茶师要了解不同茶点的基本特征和制作方法，以便能够更自如地提供服务。

（一）古代茶点

古人关于茶点的文字记录有很多，其中，在《大金国志·婚姻》中就记载有：“婿纳币，皆先期拜门，亲属偕行，以酒馔往……次进蜜糕，人各一盘，曰茶食。”元代睢玄明在《要孩儿·咏西湖》中写道：“有百十等异名按酒，数千般官样茶食。”《北辕录》里写道：“金国宴南使，未行酒，先设茶筵，进茶一盏，谓之茶食。”

此外，清代的茹敦和在《越言释》中记载道：“古者茶必有点……为撮泡茶，必择一二佳果点心，谓之点茶……岭南人往往用糖梅，吾越则好用红姜片子，他如莲药榛仁，无所不可……渐至盛筵贵客，累果高至尺余，又复雕鸾刻凤，缀绿攒红，以为之饰。一茶之值，乃至数金，谓之高茶，可观而不可食。”饮茶时，将茶点布置得如此精致，可见茶点的重要地位。

茶点在唐代就很丰富，随着茶逐渐成为一种独立的饮料，茶点也成为一种佐物发展起来，并有了自己的特色。杜甫就曾带着凉瓜和茶席等物，带着朋友入深林中喝茶，并留下诗句：“枕簟入林僻，茶瓜留客迟。”唐玄宗为当时还是茶点的粽子写诗：“四时花竞巧，九子粽争新。”此外还有用鸡或鹿肉剁成碎粒拌上米粉炸成的小天酥以及馄饨、胡食、蒸笋、饼类、柿子等。

到了宋代，茶点的种类和样式变得更加丰富了，同时也到达了巅峰。茶点主要可以分为四种，即米面制品、乳制品、花式甜点以及冰品等。其中米面制品的种类最为丰富，包括各式团子、巧果、蜂糖饼、牡丹饼、栗糕、豆糕等；乳制品主要包括乳饼、乳酪等；花式甜点包括雪花酥、梅花脯、水晶角儿、酥琼叶等；冰品包括各式凉水、龟苓膏、豆汤等。这些茶点的制作精巧而复杂，我们以花式甜点中雪花酥的制作为例，史料中是这样记载的：“油下小锅化开，滤过，将炒面随手下，搅匀，不稀不稠，掇离火。洒白糖末，下在炒面内，搅匀，和成一处。”苏轼曾经为他喜爱的馓子写下了《寒具诗》：“纤手搓成玉数寻，碧油煎出嫩黄深。夜来春睡无轻重，压扁佳人缠臂金。”

明清时，茶叶由原来的团茶改成散茶，点茶也变成了撮泡法，饮茶的方式和方法都发生了改变，变得更加便捷，因此，茶点的概念也变得比唐宋时期要模糊，一般的点心都可以成为茶点。然而，茶点依然是饮茶时非常重要的佐品，我们可以在文学名著中窥见一斑。《红楼梦》中记载的茶食有桂花糖蒸栗粉糕、松子鹅油卷、蟹黄小娇儿、如意锁片、糖蒸酥酪、枣泥馅山药糕等。明代著名小说《金瓶梅》中出现的茶点就有几十种，如胡桃松子、八宝青豆、木辉青豆、咸樱桃、木辉芝麻薰笋、蜜饯金橙等。

（二）当代茶点

当代茶点较之古代茶点，更加的丰富多样，而且包容度也更大。在当代人的心中，茶点的概念已经和点心混同，既可以指佐茶的点心，也可以指用茶制作的糕点，还可以指其他的点心。另外，当代茶点还呈现出很强的地域性。我国幅员辽阔，受地域和饮食习惯的影响，各个地区的茶点都呈现出鲜明的地域特色，极其丰富。

（三）广式茶点

广式早茶深入人心，广式茶点是在中原点心的基础上，加入当地特色，如河海鲜等，又受西方饮食习惯的影响，最终形成现在我们看到的样子。“一盅两件饮早茶，三包五点食点心”，说的就是这种以点为主、以茶为辅的饮食习惯。

广式茶点的种类繁多，粗略估计有1000多种，为全国点心种类之冠。广式茶点包容性强，制作精良，口味清新，能适应五湖四海食客的需求。广式茶点主要由皮和馅料构成，其中皮有四大类23种，馅料有三大类46种，茶点师傅凭借着这些皮和馅料的组合，成就了口味繁多、包容性极强的广式茶点，代表名品包括绿茵白兔饺、鸡仔饼、白糖伦教糕、蜂巢香芋角、马蹄糕、冰肉千层酥、家乡咸水角、芝麻包、流沙包、刺猬包子、酥皮莲蓉包、粉果、干蒸蟹黄烧卖等。

（四）京式茶点

近代北京人的生活是绝对绕不开茶的，特别是八旗子弟，尤其讲究到茶馆里闲坐、喝茶，老舍甚至以此为背景创作了话剧《茶馆》。当时有人这样描写北京的茶馆与茶点：“这些茶社，茶叶碧螺、龙井、武彝、香片，客有所命，弥不如欲。佐以瓜粒糖豆，干果小碟，细剥轻嚼，情味俱适。而鸡肉饺、糖油包、炸春卷、水晶糕、一品山药、汤馄饨、三鲜面等，客如见索，亦咄嗟立办。”由此可以看出，在老北京人的生活中，茶点是必不可少的。

京式茶点有着厚重的历史文化底蕴，品种繁多，主要有重油、轻糖、酥松、绵软等特点。最具代表的茶点就是京八件。京八件又称大八件，即八种形状、口味不同的糕点，分别是象征幸福的“福”字饼、象征高官厚禄的太师饼、象征长寿的寿桃饼、方形带有双“喜”字的喜字饼、象征财富的银锭饼、像一卷书的卷酥饼、谐音“吉庆有余”的鸡油饼、寓意早生贵子的枣花饼。它们是以枣泥、青梅、葡萄干、玫瑰、豆沙、白糖、香蕉、椒盐等八种原料为馅，用猪油、水和面做皮，以皮包馅，烘烤而成。这些糕点原来均为明清宫廷糕点，后流传至民间，因为把人们生活中的八件喜事形象地表现出来，故而深受老百姓喜爱，也就一直流传了下来。

（五）扬州茶点

“早上皮包水，晚上水包皮”，说的就是扬州的早茶，扬州人酷爱喝早茶，经常上茶社喝茶，讲究的就是一个“慢”字，这和当年富甲一方的扬州盐商的闲情逸致分不开，他们经常手中一杯茶，面前二三知己，再佐以若干茶点，边吃边聊，神仙也不过如此。

关于扬州的茶点，前人有许多文字记载。比如，清代学者俞樾在他的《茶市点心》中写道：“国朝李斗《扬州画舫录》，载茶肆点心各据一方之盛，双虹楼烧饼开风气之先。宜兴丁四官开惠芳集芳，以槽窖馒头得名，二梅轩以灌汤包子得名，雨莲以春饼得名，文杏园以稍麦得名，按茶肆点心，苏杭皆有之得文人点缀，则皆诗料也。”清代文学家徐珂在他的《若饮时食干丝》中做了更进一步的描述：“盖扬州啜茶，例有干丝以佐饮，亦可充饥。干丝者，缕切豆腐干以为丝。煮之，加虾米于中，调以酱油、麻油也。食时，蒸以热水，得不冷。”

扬州茶点继承了淮扬菜的风格，精细美观，形小质优，口味多样，品种丰富。可以分为热点和冷点，热点包括蟹黄酥饼、春卷烫、锅贴、干丝、烧卖、发糕、饺子、小笼包；冷点包括松子卷酥、肴肉、酥鱼、卤煮花生米、香干、香菇、鹅油卷等。扬州茶点对原料和器具的选择非常有讲究。比如，干丝的材料要选用徽干，用快刀片成16片后，再切成细丝，做好后需用青瓷白底敞口碗盛。此外，对节令也有一定的要求，讲究什么时节吃什么食物。比如，早茶中的包子馅，就是“春有刀鲚，夏有鲥鲥，秋有蟹鸭，冬有野蔬”，四季不同，选用当季最好的食材。

“红楼茶点”也是扬州茶点的一大特色，在很多描写扬州盐商交际的场面中出现了不少《红楼梦》中的茶点。因此，扬州的酒家根据《红楼梦》开发了红楼宴，这些“红楼茶点”中包括松仁鹅油卷、海棠酥、螃蟹小饺儿、如意锁片、寿桃、太君酥等，别致有趣。

（六）杭州茶点

杭州的茶俗，主要受到南宋皇室南迁的影响，更在意茶室的环境和茶自身的味道，茶点主要起到陪衬和装饰的作用，特点是精巧、自然、清淡。茶点主要以干果、水果、蜜饯为主，如笋干烘青豆、椒盐开口山核桃、花生枣、芝麻枣、开口西瓜子、咸金枣、梅片、风流杧果、乌龙葵花子、茶果冻、白糖杨梅、琥珀桃仁、榛子、茶香梅、夏威夷果、绿茶瓜子、冻米糕、九制橄榄、杏仁、蒜香花生、金橘饼、冲管糖、香榧、酸枣糕、糖姜片、甘草桃干、碧根果、地瓜条、城隍庙五香豆、葡萄干、笋干花生仁、椒盐山核金橘饼等。另外，也会食用一些米面做的糕点，如黄条糕、细沙方糕、定胜糕、薄荷糕、酥油饼、绿豆糕等。

由于杭州盛产龙井茶，这里的人们都偏爱龙井一类的清茶，所以食用的茶点也都需要配合清茶淡雅的气质，不喧宾夺主，不夺茶香。在杭州的茶席上，很难见到虾饺、牛肉肠粉、生鱼片、生牛肉片、猪肚这样的茶点，最多在人们感到饥饿时提供西湖藕粉、吴山酥油饼等茶点充饥。又因杭州盛产龙井，这里的很多茶点还会以龙井茶为原料来制作，龙井茶点配龙井茶，也别有一番风味，如龙井茶酥、龙井千层酥等。

（七）日本茶点

茶点在日本茶道中地位独特，一般日本人在饮茶之前都会先吃一些和果子，因为抹茶偏苦，和果子的甜味能中和一部分苦味。日本人习惯用茶点来对应春夏秋冬，反映雅致的自然景观。比如，春天时会制作用于赏樱的花见团子；夏天较热，会制作使人感到清凉的水馒头；秋天枫叶飘红，制作应景的枫叶果子；冬天则制作让人暖心的草莓大福。由于和果子制作精致，又追求“五感”（视觉、味觉、嗅觉、听觉、触觉），又被称为“日本饮食文化之花”。

和果子起源于唐代，是由当时的日本遣唐使带回日本的茶点。和果子曾经有过许多风雅的名字如“朝露”“月玲子”“锦玉羹”等，一般由米、面粉、红豆、砂糖、葛粉等搭配不同的特殊食材制作而成。按照成品含水量的不同，和果子又可以分为生果子、半生果子、干果子。比较有代表性的和果子主要有樱饼、水果大福、落雁和萩饼这四种。

第一，樱饼。用樱花粉的糯米皮包上豆馅，在外层围上腌渍过的樱叶作为装饰。

樱叶可以直接吃，还带有樱花的香气。整个茶点的外观很可爱，与樱花非常接近，味道清爽。

第二，水果大福。水果大福外皮是冰皮，细白软糯，馅料以当季的水果为主。由于拥有丰满的外形，起初被称为“大腹饼”，又因为“大福”与“大腹”谐音，且能表达吉祥如意之意，故而就被称为“大福”。

第三，落雁。是日本的三大名点心之一，选用优质的糯米配上德岛的糖，再加少量蜂蜜揉匀，用木型拓出各种花样。落雁有着微甜和纤细的口感，与日本的抹茶是绝妙的搭配，非常受日本茶人的欢迎。

第四，萩饼。是一种比较常见的和果子，将糯米和粳米掺和蒸熟后，轻捣揉成小团，再在外面裹上小豆馅儿、黄豆面等，因外表露出了一片片的红豆皮，看着很像盛开的萩花，因此被称作“萩之饼”或“萩之花”。

日本抹茶道与宋代点茶关系密切，在茶席中，也可以适当放置一些日本茶点。

（八）其他茶点

除了以上介绍的特色茶点，一些常见的瓜果也可以作为茶点佐以饮茶。《金瓶梅》中就有这样的论述：“凡饮佳茶，去果方觉清绝，杂之则无辨矣。若必曰所宜，核桃、榛子、杏仁、榄仁、菱米、栗子、鸡豆、银杏、新笋，莲肉之类，精制或可用也。”

一般可以选用应季水果作为茶点，如西瓜、龙眼、荔枝、苹果、哈密瓜、甘蔗、香蕉、杏、葡萄、梨、桃、菠萝、提子等。榴梿、杧果、橘子等味道较浓郁的水果一般不提倡作茶点，会影响茶的香气，进而影响品茶效果。还可以选用干果蜜饯类的茶点，比较常见的有瓜子、花生、核桃、松子、茴香豆、开心果、榛子、银杏、笋干、青豆、葡萄干、楂片、话梅、橄榄等。同样的道理，不选择辣味或者怪味的干果，以免影响品茶的效果。

二、如何搭配茶点

我国的茶点种类繁多，口味多样，在布置茶席时，茶点的选择空间很大。如何在种类繁多的茶点中选择最适合此次茶席的茶点是每个点茶师必须要思考的问题。为此，点茶师要掌握以下搭配原则。

（一）性味相合

点茶师在搭配茶点的时候，首先要考虑茶点和茶的茶性要相合，民间有句俗语是这样说的："甜配绿、酸配红、瓜子配乌龙。"这话不无道理，是茶点搭配的一项基本原则。

所谓的"甜配绿"说的是在喝绿茶、黄茶、白茶这类口感比较清新，味道比较淡雅的茶饮的时候，要搭配各类甜食，如凤梨酥、绿豆糕、蛋挞等。因为绿茶是不发酵茶，味道清新淡雅，在饮绿茶时，搭配一些甜食，既能突出绿茶的清香，又能提升甜点的滋味，称得上是绝配。但要注意的是，这里选用的甜食以味道清淡，虽然甜但甜味较为克制的甜点为好，过于甜的甜点会冲淡茶的香味。

所谓的"酸配红"说的是在喝红茶类茶饮时，可以搭配一些有酸味的茶食，如水果、蜜饯、野酸枣糕、乌梅糕等。红茶属于全发酵茶，味道醇厚而浓郁，适合搭配一些苏打类的饼干或者酸味茶点。

"瓜子配乌龙"，指的是乌龙茶适合搭配一些咸的茶点，如花生米、橄榄、瓜子等。乌龙茶属于不完全发酵茶，不适合配置味道太过浓郁的茶点，可以选择一些有淡咸味的茶点。

而普洱茶的味道比较浓厚，有助于消解油腻，因此，在为普洱搭配茶点时，可以大胆一些，不妨为其搭配一些糖分高、油脂大的茶点，使它们在为人体提供能量的同时，也不再显得那么油腻，能够提升口感。可以选择如牛肉干、肉脯、奶酪、奶皮子、腰果、杏仁等茶点。

此外，在配置茶点时，还要注意配的茶点不要盖住茶本身的香气和滋味。关于这一点，明代文学家屠隆在《考槃余事》一书中是这样说的："茶有真香，有真味，有正色。烹点之际，不宜以珍果香草夺之。夺其香者，松子、柑橙、木香、梅花、茉莉、蔷薇、木樨之类是也。夺其味者，番桃、杨梅之类是也。"

（二）视觉相配

视觉相配指的是搭配的茶点要具有观赏性，点茶是一种审美的艺术，美好的茶点可以增加茶席的美观度，从而让整个点茶活动变得更加赏心悦目。比如，粤闽风味茶点"荔红步步高"的造型就非常精美。它是用荔枝红茶汤与马蹄粉混合制成的，红白相间，层层叠叠，非常富有层次感，吃起来也香甜凉滑。这样一道茶点出现在以红茶为主题的茶席上时，一定能让人驻足停留、回味悠长。又比如，名点水晶蝴蝶饺是用透明的薄皮包裹着全素的馅料，馅料的缤彩纷呈全部透过薄皮传递出来，另外再插上用鱼翅翅针制的“蝴蝶须”，真是惟妙惟肖。这道茶点就非常适合出现在以春天为主题的茶席上。

（三）有品尝性

茶点的品尝性通俗来说就是选择的茶点应该是符合顾客口味的、好吃的、回味悠长的，这是茶点最基本的属性，点茶师切不可为了茶点的观赏性而舍弃品尝性。比如，点茶师在选用茶点的时候，一定要事先对茶点进行品尝，选择味道和外观俱佳的茶点。如果是自己制作茶点，更要将茶点的品尝性放在重要的位置上。尽管很多时候，茶点都只是作为装饰在茶席中出现，但还是有一些茶客偏好茶席上的茶食。只有用心对待茶席中的每一个细节，才能让茶客体会到点茶师的用心，更愿意光顾茶室。

（四）地域习惯

我国幅员辽阔，各地饮食习惯相差很大，比较有代表性的饮食风味包括京鲁风味、西北风味、苏扬风味、川湘风味、粤闽风味、东北风味、云贵风味、鄂豫风味以及各少数民族风味，这些地区的人们有自己的饮食口味偏好，因此，在为他们服务的时候，尽量选择适合他们口味的茶点。比如，福建闽南地区和广东潮汕地区的人喜欢喝乌龙茶，并且喜欢用小壶小杯的方式细啜慢饮，因此，在为他们配茶点时，可以选择外形精雅、味道可口的茶点，如椰饼、绿豆糕、蜜饯等。

（五）文化内涵

茶点是人们在实践过程中付出的劳动和智慧的结晶，几乎每一种茶点的产生背后都经历了很多的曲折和故事，一些茶点背后甚至还有一段丰富的历史故事。因此，点茶师在搭配茶点的时候，要注意茶点背后的文化内涵，让顾客在品尝茶点的同时，还能了解到茶点的典故和历史，增加趣味性。

起源于唐代的九江茶饼，背会就有着非常有趣历史典故。唐代诗人韦应物谪居江州时曾写出“始罢永阳守，复卧浔阳楼”的名句，在此地韦应物也与浔阳楼的九江茶饼结下不解之缘。相传，有一天韦应物与友人相约在浔阳楼会面。那时，夕阳西下，微风习习，只看见长江波光粼粼，渔舟归棹，庐山依稀可辨，更兼《春江花月夜》音韵绕梁，诗人好不惬意，对侍者说：“煮一壶上等云雾茶，备些许特色点心。”很快，侍者就端来一壶香茶和一碟小饼。这小饼状若围棋，诗人取一个轻砸一口，皮脆馅酥，吃完齿颊留香，他忙问侍者：“这饼味道非常好，叫什么名字呢？”侍者答道：“这饼是浔阳楼一位糕点师傅做出来的，还没有名字。”韦应物哈哈大笑，说道：“这饼是喝茶时搭配的小饼，就叫‘九江茶饼’怎么样？”在场诸人都同声道好。从此之后“浔阳楼茶饼”传遍九江的大街小巷，还成为“浔阳楼四宝之一”，逐渐变得全国闻名，诗人韦应物也因为九江茶饼而被后世的茶饼师傅奉为茶饼始祖。

（六）时代特征

随着食品工艺的提高和人们口味的变化，茶点变得更加丰富了，尤其在当代涌现出更多样式新颖、口味独特的适合搭配茶席的茶点，成为茶客们的新宠。一些含茶的茶食如绿茶瓜子、茶软糖、茶果冻等，不仅颜色与点茶遥相呼应，而且饱腹感也不强，非常适合那些不宜摄入过多糖分和脂肪的人士选用。还有一些受西方茶餐厅影响制作出来的茶点，如松化甘露酥、酥皮菠萝包、各式蛋挞等，不仅造型新颖，而且味道和口感都非常独特，大受追逐时尚的年轻人喜欢。因此，点茶师在选用茶点的时候应该考虑到茶点的时代特征，适当选一些当下流行和符合年轻人口味的茶点，从而吸引更多年轻人来关注点茶、体验点茶。

（七）节令调和

点茶师在选择茶点的时候还要注意节令调和，不同的节令物产不同，人们的喜好也不同，点茶师可以根据节令选择适合的茶点。一般来说，春天万物生长，物产丰富，可用来制作茶点的食材较多，可以选择一些色泽明艳带有春天气息的开胃的茶点。夏天天气炎热，人们心情难免烦躁，这时吃不下味道太重的茶点，因此可以选择一些清淡一点的茶点。秋天瓜果成熟，可以选择一些应季的瓜果作为茶点。冬天天气寒冷，人体对能量的需求较多，可以适当选用一些糖分和脂肪含量较高的茶点。

三、与茶点相关的问题

点茶师在为宾客服务的时候，可能有的宾客会提出一些关于茶点的问题，点茶师要有所准备，能够得体准确地回答相关问题，不要一问三不知。宾客可能提到的问题有很多，归纳下来有如下五个问题。

第一，点茶的营养成分有哪些？点茶的营养成分主要源于茶汤，茶汤中的营养成分又受茶叶种类的影响。一般来说，点茶中含有丰富的人体所必需的营养成分和微量元素，包括茶多酚、咖啡碱、游离氨基酸、叶绿素、蛋白质、芳香族化合物、纤维素、维生素 C、维生素 A、维生素 B1、维生素 B2、维生素 B3、维生素 B5、维生素 B6、维生素 E、维生素 K、维生素 H、钾、钙、镁、铁、钠、锌、硒、氟等。

第二，能否在家中点茶？可以。顾客可以选择在家中布置一个茶室或者茶席，再选用点茶所用的器具，自己邀请三五好友在家中点茶。在家点茶时，要注意用电、用火安全。

第三，古人也点茶吗？为什么以前没有见过点茶？点茶法起源于唐末五代，兴盛于两宋时期，北宋时期发展成熟，是两宋时期主要的饮茶方式，也是我国古代茶艺的主要形式之一，是中华茶史的高峰。点茶发源于宫廷文化，发展成熟于社会文化。宋徽宗在《大观茶论》中提出七汤点茶法是至今最精妙的点茶技艺。民间茶文化也蓬勃发展，据《梦粱录》记载："巷陌街坊，自有提茶瓶沿门点茶，或朔望日，如遇吉凶二事，点送邻里茶水，倩其往来传语。"

到了明代，皇帝朱元璋下旨"罢造龙团，惟采芽茶以进"，即废团茶、兴散茶。失去了皇家支持后，兴盛三百多年的点茶就此没落。

第四，什么时候恢复点茶？自从朱元璋下令"废团茶、兴散茶"后，点茶便没落了，加上其制作工艺和饮茶方式都较为复杂，至此慢慢便消亡了，从此在中华大地上几近失传八百年。今人对宋代点茶做了很多复兴的工作，浙江中国茶叶博物馆从 2008 年起对"宋代点茶技艺和文人茶会复原"展开研究；家族传承点茶 20 代的宋代点茶非遗传承人又于 1999 年研发出当代茶汤点法，将传承与创新结合，数年致力于在全国传授、推广点茶，2019 年点茶终于在中华大地复兴。

第五，日本茶道与中国点茶有这么多相似的地方，这两者之间有联系吗？人们在体验或者观看日本茶道表演的时候，总有一种说不出来的熟悉感，实际上，日本的茶道起源于中国，日本森本司郎也曾在《茶史漫话》中说道："作为文化之一的饮茶风尚，由鉴真和尚和传教大师带到了日本。"饮茶风尚传入日本后，经过一系列的发展，演变成为今天这种独具风格的艺术形式。一般来说，日本的茶道分为煎茶道和抹茶道，煎茶道来源于中国的唐代，而抹茶道正是来源于宋代点茶。

茶自九世纪末随日本遣唐使进入日本，便一直为日本人民接受和推崇。日本茶人在宋代传入点茶法的基础上改良和发展，逐渐形成抹茶道。此后，中国开始流行散茶，弃用团茶。日本抹茶道却在传习宋代点茶道后，点茶器、茶室、礼仪等逐渐形成自己的风格和体系，抹茶道在日本发扬光大，并闻名于世。

今人认为日本抹茶与中国当代点茶有很多相似之处，因为它们都是由宋代点茶演化发展而来。

四、回答宾客咨询时的技巧

由于点茶这一项技艺在当代恢复的时间并不长，很多顾客对点茶并不了解，会有很多问题想向点茶师咨询，有些是基础问题，有些却是非常专业的问题。不论是怎样的问题，点茶师都应该记住，在回答顾客问题的时候，应该深入浅出，用简单易懂的语言回答顾客所提的问题，如果顾客仍然感兴趣，那么接下来可以由浅入深，再与顾客一步一步探讨。

点茶师在回答顾客问题时，有以下五点技巧可供参考。

第一，预见问题，早做准备。根据经验预判顾客可能会提到的问题，并早做准备，点茶师如果没有接经验的话，可以向资深的点茶师寻求帮助。

第二，倾听问题。在顾客陈述问题时，点茶师要仔细倾听，以示对对方的尊重，同时，认真倾听有助于对问题的理解。

第三，确认对问题的理解。有时候顾客的表达并没有那么准确，语言组织得比较零散。点茶师在回答顾客问题之前，可以向顾客确认一下自己对问题的理解是否准确，以免回答得牛头不对马嘴，白费功夫。

第四，辨别顾客提问的真正意图。点茶师要根据顾客的提问辨别顾客提问的真正意图。比如，有些顾客长篇大论，最后抛出一个问题，是希望获得你的认同，在合理的情况下，可以赞同顾客的观点；有些顾客在某些方面有疑虑所以再次提问，那么，首要的做法就是消除顾客的疑虑；有些顾客只是想向朋友炫耀自己的学识，那么，尊重顾客，而不是反驳他。

第五，选择处理问题的方式。能够直接回答的问题，可以直接回答；无法直接回答的问题，可以向顾客表示歉意后向他人求助。

第二节　商品销售

中级点茶师在商品销售这一环节，要注意掌握这些能力：

能销售、定制名家点茶器具；

能根据宾客需要选配家庭点茶空间用品；

能为点茶坊等经营场所选配并向其销售相关商品。

同时要具备这些知识：

名家点茶器具源流及特点；

家庭点茶空间用品选配基本要求；

点茶坊商品选配知识。

一、茶器的特点及销售

（一）茶器的源流

关于茶器的源流，我们将从三个方面来介绍，包括茶器与茶具、五大名窑、以盖碗和壶为主的茶器。

第一，茶器与茶具。茶具的概念最早出现在西汉王褒《僮约》中，文章中记载："武阳买茶，烹茶尽具。"到了唐代，茶具的生产规模不断扩大。在很多唐代文人的作品中，我们都可以发现茶具的影子。比如，唐代文学家皮日休在《褚家林亭》中写道："萧疏桂影移茶具。"

唐代茶学家陆羽在《茶经·四之器》中，把用于炙茶、碾茶、煮茶、饮茶、贮茶等对茶的品鉴有育化、改善、带有精神属性的器具定义为茶器。其他如采茶、制茶类工具，则定义为茶具，从此区分开了茶器和茶具。许多唐代诗人都接受了茶器这个概念，并在诗中有相应的记录，如唐代诗人白居易在《睡后茶兴忆杨同州》中说道："此处置绳床，傍边洗茶器。"唐代诗人陆龟蒙在《零陵总记》中写道："客至不限匝数，竞日执持茶器。"

第二，五大名窑。到了宋代，随着点茶的盛行和经济文化的繁荣，人们在茶器上下的功夫越来越多，使得茶器变得十分珍贵，宋代皇帝更是直接将茶器作为赐品。北宋画家文同曾写道："惟携茶具赏幽绝。"南宋诗人翁卷则说道："一轴黄庭看不厌，诗囊茶器每随身。"这些诗句无不体现了宋代人对茶器的喜爱与重视。

宋代对点茶的推崇直接导致了人们对茶器本身的大力关注，并且推动了制瓷技术的发展，使得瓷器在宋代发展到达巅峰。彼时制瓷的窑厂遍布大江南北，形成官（浙江杭州）、哥（浙江龙泉）、汝（河南临汾）、定（河北曲阳）、钧（河南禹县）五大名窑，一些独具风格的点茶器逐渐问世。在宋代以前，烧制的器皿主要是陶器，五大名窑的出现意味着瓷器时代的到来。"内库所藏汝、官、哥、钧、定名窑器皿，款式典雅者，写图进呈。"这句话出自明代皇室收藏目录《宣德鼎彝谱》，是宋代五大名窑这一说法的最早出处。

汝窑是五大名窑之首，窑址在今河南省汝州市区张公巷，以烧制青瓷为主，所烧的瓷器主要有四个特征："釉色天青色"，指的是瓷釉的颜色，呈天青色；"蟹爪纹"指的是釉面开片的纹理像蟹爪一样；"香灰色胎"指的是胎体的颜色呈香灰色；"芝麻挣钉"指的是汝窑瓷器在烧制的时候会用很小的钉子支起，这样烧制好的瓷器就会在底部留下几个点，这也是鉴别汝窑瓷器的重要依据。

官窑是宋代官府直接管制的官窑，分为北宋官窑和南宋官窑，北宋官窑旧址已经失传不可考，而南宋官窑设于杭州。官窑出产的瓷器主要特征是素面，既无绚丽的彩绘，也无华美的装饰，最多用凹凸直棱和弦纹作为装饰，颇具古朴典雅之美。官窑瓷器的主要特征是胎色铁黑、釉色粉青，被称为"紫口铁足"。

哥窑所产的瓷器和官窑类同，主要特征是开片，即釉面上有开裂的纹片，其中的大开片纹路呈铁黑色，被称为"铁线"，小开片的纹路呈金黄色，被称为"金丝"。"金丝铁线"是哥窑瓷器的主要特点，这种开片使得釉面产生韵律美，为许多收藏家所喜爱。只是哥窑的窑址至今不明，现今发现最早论及哥窑的文献是明代陆深的《春风堂随笔》，他在书中写道："哥窑，浅白断纹，号百圾碎。宋时有章生一、生二兄弟，皆处州人，主龙泉之琉田窑。生二所陶青器，纯粹如美玉，为世所贵，即官窑之类，生一所陶者色淡，故名哥窑。"

钧窑的窑址在钧州（今河南禹州市），有钧官窑和钧民窑之分。钧窑虽也属青瓷，但是烧制的瓷器不以青瓷为主，还能烧制瑰紫、天蓝、月白等多种颜色，其中钧红就是钧窑的一大特色。钧窑瓷器的釉面厚重而黏稠，形成雨过天晴，蚯蚓在泥路上行走的纹路，也被称为"蚯蚓走泥纹"，这是钧窑瓷器的另一大特色。

定窑的窑址在河北曲阳（今河北省定州市），是五大官窑中唯一烧制白瓷的窑场。定窑原来是民窑，后来成为北宋宫廷煅烧御用瓷器的窑场。定窑的瓷器非常精美，善于运用印花、刻花、划花等装饰手法，元朝文人刘祁就曾诗歌中赞美定窑："定州花瓷瓯，颜色天下白。"

第三，以盖碗和壶为主的茶器。待到明代"废团茶，兴散茶"之后，人们多采用直接冲泡的方式喝茶，烹茶器皿便随之简化，对茶器制作的重点落在了碗和壶上。茶壶在明清得到很大的发展。在明以前，带柄的储水容器被称为汤瓶，真正意义上泡茶的茶壶到了明代才开始出现。壶的出现极大简化了泡茶的程序，也弥补了茶盏易凉和易落尘的缺点，受到世人的推崇和喜爱。

到了清代，盖碗又因受到宫廷、贵族的钟爱而大肆发展。盖碗是清代茶器的一大特色和成就。盖碗由盖、碗、托三部分构成，盖有剥离茶叶和防止尘土落入碗中的作用，托的作用是防止烫伤手。盖碗又被称为"三才碗"，因为盖、碗、托分别象征着"天""人""地"三才，体现了中国的传统哲学观。

盖碗和茶壶的出现，使景德镇的青花瓷和江苏宜兴的紫砂壶等茶器声名鹊起，成为茶客的新宠。

（二）茶器的种类

按照制作材料的不同，茶器可以分为陶土茶器、瓷器茶器、漆器茶器、玻璃茶器、金属茶器、竹木茶器等。

第一，陶土茶器。

陶土茶器是新石器时代的重要发明，经历了土陶、硬陶、釉陶等发展阶段。陶土茶器中最具盛名的是宜兴紫砂茶器。有学者推论，宜兴的紫砂茶器起源于北宋，流行于明代。

紫砂茶器的独特之处在于采用的是江苏宜兴丁蜀镇（古时称阳羡）独有的紫泥、红泥、团山泥抟制焙烧而成，这样的紫砂茶器细腻密致，不易渗漏，杯中又富含气孔，能够吸附茶汁，蕴蓄茶味，因而有“色香味皆蕴”的美称。此外，紫砂茶器特有的属性又能让它在天热时盛茶不馊，且传热慢，不烫手，适合放在手中把玩，有“暑月越宿不馊”的说法，甚至还能直接放在炉火上煨炖，极具实用性。此外，紫砂茶器还具有造型复杂多变，色调淳朴古雅的特点，极具艺术价值，人们熟知的有树瘿壶、二泉铭壶、冰心道人壶、覆斗式壶等紫砂名壶。

第二，瓷器茶器。

瓷器是我国的伟大发明之一，是劳动人民智慧的结晶。瓷器茶器的发明取代了陶土茶器，能够更好地与茶叶结合，成为中国茶文化历史上一颗璀璨的明珠。早在3000多年前的商代，就出现了原始青瓷，东汉年间便已成功烧制出青瓷。瓷器茶器与茶叶相匹配，与茶叶一起传播到世界各地，成为中国最具代表性的名片之一。按照种类划分，瓷器茶器可以分为白瓷茶器、青瓷茶器、黑瓷茶器、彩瓷茶器等。

白瓷茶器：早在唐代，白瓷就受到许多人的喜爱。河北邢窑生产的白瓷器更是具有“天下无贵贱通用之”的特性。陆羽十分推崇邢窑白瓷，在《茶经》中就写道白瓷为瓷器茶器中的上品，认为它的胎釉就像雪和银子一样洁白。颜色洁白是白瓷茶器的一大特点和优势，正因为它的洁白，能够鲜明地反映出茶汤的颜色，所以为许多茶客所喜爱。另外，白瓷茶器的坯质致密，成陶温度高，因此制作出的成品没有吸水性，具有音清而韵长等特点，被称为饮茶器皿中的珍品。白瓷茶器适用的茶叶种类很多，几乎所有的茶叶都适合用白瓷茶器冲泡。

青瓷茶器：16世纪末，青瓷出口至法国，整个法兰西为之沸腾，《牧羊女》中的男主角雪拉同美丽的青袍碧青华丽，人们因此将青瓷称为“雪拉同”以示对它的喜爱之情。其实，早在东汉时期，我国就能生产纯正、成熟的青瓷了。五大名窑的浙江龙泉哥窑生产的就是青瓷茶器。青瓷瓷质细腻，线条明快，造型浑朴，色泽纯净，唐代诗人陆龟蒙曾这样赞美青瓷：“九秋风露越窑开，夺得千峰翠色来。”青瓷因其“青如玉，明如镜，声如磬”的特点，被称为“瓷器之花”，是古代瓷器中的珍品。

用青瓷来冲泡绿茶，青瓷本身的颜色与茶汤相得益彰，更能凸显茶汤之美。但它并不适合用来冲泡红茶、白茶、黄茶、黑茶等，因为青色的底色不利于凸显和观察这些颜色的茶汤。

黑瓷茶器：黑瓷茶器是随着点茶的兴盛和衰弱而崛起和衰微的。黑瓷茶器是一种非常适合用来点茶、斗茶的器具，茶汤白，而茶器黑，可以完美地衬托出茶汤的颜色，宋代祝穆在《方舆胜览》中这样说道："茶色白，入黑盏，其痕易验。"在黑瓷茶器中，最为文人雅士所喜爱，被认为最适合点茶的器具是产自福建省南平市建阳区的建盏。建盏在烧制过程中使用的是含铁量较高的石灰釉，这种石灰釉在高温的作用下容易流动，能使釉面呈现兔毫条纹、鹧鸪斑点、日曜斑点等图案，茶汤入盏后，能放射出五彩缤纷的光芒，增加了斗茶的乐趣，十分受茶客的欢迎。有不少文人墨客写诗称颂黑瓷茶器，如"忽惊午盏兔毫斑""松风鸣雷兔毫霜""建安瓷盌鹧鸪斑""鹧鸪碗面云萦字，兔毫瓯心雪作泓""兔毫紫瓯新""鹧鸪斑中吸春露"等。另外，由于胎体厚重，烧制好的建盏胎内蕴含小气孔，非常利于茶汤的保温，也为斗茶这一活动增添了实用性。最适合黑瓷茶器的就是点茶，这种茶器不太适合其他茶叶，因为黑色的碗面容易使茶汤失去本来面目。

彩瓷茶器：彩瓷茶器指的是釉面为彩色的茶器，彩瓷茶器的品种和花色非常丰富，其中最引人注目的是青花瓷茶器。青花瓷的"青"包含了黑、蓝、青、绿等颜色，这些颜色都被称为"青"。青花瓷批量生产主要在元后期，其中以景德镇的青花瓷艺术水平最高。彩瓷茶器的彩色釉面使各种装饰和绘画绘制在瓶身上成为可能，匠人们将中国传统的山水画、书法、花鸟画等搬到了瓷器上，提高了茶器的美感，为饮茶增加了趣味性，彩瓷茶器的适用范围很广，六大茶类均适合用彩瓷茶器冲泡。

第三，漆器茶器。

漆器是我国的一项伟大发明，是采集天然漆树的液汁进行炼制，随后掺入各种颜色，制成绚丽夺目的器件。而漆器茶器始于清代，比较著名的包括北京雕漆茶器、福州脱胎茶器、江西鄱阳等地生产的脱胎漆器等，其中以福州出产的茶器最为绚丽，包括"宝砂闪光""金丝玛瑙""仿古瓷""雕填"等品种。

漆器茶器的特点是色泽光亮，轻巧美观，能耐高温、耐酸，具有很高的艺术价值和收藏价值。

第四，玻璃茶器。

古人将玻璃称为琉璃，琉璃茶器在唐代就已经出现了，由于其色泽鲜艳，光彩照人，在当时被视为珍贵之物，唐代诗人元稹曾写诗赞誉琉璃茶器："有色同寒冰，无物隔纤尘。象筵看不见，堪将对玉人。"但琉璃茶器一直没有批量生产，直到近代随着玻璃工业的兴起，玻璃茶器才开始被广泛生产和使用。

在玻璃茶器中，最为常见的是玻璃杯。用玻璃杯沏茶，可以清晰地看到茶叶在水中的姿态和茶汤的色泽。此外玻璃茶器造价低廉，购买方便，颇受茶客的喜爱。

第五，金属茶器。

金属茶器是我国最古老的茶器之一，主要选用金、银、铜、锡等金属材料制作而成，其中用锡用来制作储茶的容器，由于密闭性好，对于防潮、防氧化、防光、防异味等都有很好的效果，因而很受当时的贵族阶层欢迎。然而，由于这些金属茶器的造价高昂，一般百姓无力使用，在宫廷或者达官贵人家中使用居多。

第六，竹木茶器。

竹木茶器是用竹子和木头为原材料制作的茶具，由于金属和瓷器等造价较高，在历史上，广大农村，包括一些茶区的百姓都用不起这么昂贵的茶器，他们便会选用竹木制成的茶器。这些茶器造价低廉，结实耐用，并且在使用的过程中不会破坏茶的真香，很受人们的欢迎。直到现在，仍有很多人选择用木罐、竹罐来保存茶叶。

第七，其他茶器。

在历史上还有用玉石、水晶、玛瑙、麦饭石等材质制作而成的茶器，这些茶器美观华丽，造价高昂，主要作为观赏物摆放在主人家中。

（三）茶器具的销售

虽然会有专门的推销人员负责茶器具的销售和定制，但是点茶师作为接触顾客的"一线"人员，如果能掌握茶器具的销售和定制技巧，就能事半功倍地完成销售工作。因此，点茶师要掌握能根据顾客的需求销售名家茶器、定制点茶器的能力。点茶师在向顾客销售产品的时候，要遵循以下四项原则。

第一，主动争取顾客。

一般来说，点茶师在茶室中接触到的顾客都是有购买潜力的顾客，点茶师在为其提供点茶服务之后，可以主动争取顾客，为接下来的茶器具销售打下基础。通常情况下，以下四种时机是点茶师主动争取顾客的好时机。

其一，当茶室有促销活动时。茶室有时为了吸引顾客购买产品，会在某些节日进行促销活动来吸引顾客，这时，点茶师可以引导顾客选购茶器具。其二，当环境氛围有利时。点茶活动进行到一定程度，点茶师和顾客之间形成了默契，有了共同语言，这时，点茶师可以向顾客推销一些茶器具。在这样的氛围下，推销的成功率往往会更高一些。其三，当顾客产生兴趣时。在点茶过程中，顾客可能对点茶师使用的茶器具产生兴趣，并向点茶师主动咨询。这时，点茶师应该积极回答他们的问题，为其介绍与茶器具相关的知识。在顾客得到满意的答复后，点茶师可以引导顾客。比如，“刚刚您问的建盏，其实本店也有销售，就在门口的陈列区，如果您有兴趣的话，一会儿活动结束，我再向您详细介绍。”其四，当顾客提出要求时。在点茶过程中，顾客可能就茶器具提出一些自己的要求。比如，有些顾客对点茶师使用的汤瓶非常感兴趣，希望能获得一个刻有自己名字的汤瓶。刻名字这样的服务一般茶室不能现场提供，点茶师可以记录下顾客的需求，并在点茶结束后联系厂家为顾客定制产品。也就是说，当顾客提出要求时，要尽量满足顾客的需求，还要注意将顾客的需求转换为商品销售。

第二，使用有效的方式推介。

茶器具的销售不同于其他产品的销售，需要顾客对茶器具有一定的认识才可能购买。因此，在点茶品饮阶段，点茶师可以就茶器具的历史源流、实用价值等为顾客做一些简单的介绍，让顾客对茶器具有初步的认识。当顾客对茶器具产生一定兴趣后，点茶师可以就茶器具的艺术价值、收藏价值等做进一步的说明，从而加深顾客对茶器具的认识。

点茶师可以从四个方面进行行之有效的推介活动。其一，让顾客充分了解茶器具的真正价值。很多茶器具除了具有实用价值外，还有一定的艺术价值和收藏价值，点茶师要让顾客充分了解茶器具多方面的价值，让顾客明白这样的物品对他来说是物有所值的。其二，让顾客充分了解茶器具的使用方法。点茶活动中使用的茶器具对很多顾客来说是相对陌生的，点茶师在点茶阶段就要向顾客充分展示这些茶器具的使用方法，让顾客明白它们的实际作用以及怎样使用等。只有顾客真正了解了茶器具的使用方法，才会有信心将它们带回家。其三，让顾客有机会接触、体验茶器具。在点茶活动后，点茶师可以安排顾客体验点茶的环节，让顾客有机会体验点茶、接触茶器具，加深对茶器具的认识，从而激发顾客的兴趣和购买欲。其四，多展示不同等级的茶器具。点茶师可以多为顾客展示不同等级的茶器具，在展示时，可以从低档到高档向顾客展示，让他们的心理预期一点一点变高，在比较中选择适合自己的茶器具。

第三，了解顾客的心理。

面对点茶师的推销活动，顾客的心理十分复杂。一方面，他们希望能在点茶师的推销过程中获取有效信息，买到自己想要的茶器具；另一方面，他们也有自己的顾虑，担心点茶师夸大其词，让他们购买一些不需要的产品。对此，点茶师要了解顾客的心理，打消顾客的疑虑，拉近与顾客之间的距离，从而使顾客进行购买。

了解顾客的心理，具体来说，可以从三方面入手。

其一，让顾客有好的点茶体验。好的点茶体验是一切推销活动的基础，点茶师一定要认真对待点茶活动，只有为顾客提供专业的点茶服务，才能赢得顾客的信任。如果点茶师在点茶活动中随意、敷衍，却在后面的推销活动中认真、积极，会让顾客产生非常不好的联想，从而拒绝购买茶室的产品。只有在点茶活动中用专业和真诚赢得顾客的认可和信任，拉近与顾客之间的距离，才能在之后的推销活动中更进一步。其二，让顾客产生好的联想。点茶师在推销茶器具的时候，可以使用联想的方法让顾客心中产生美好的使用场景。比如，在推销汤瓶的时候，可以向顾客描绘这样的场景：秋日的午后，顾客在家中布置好茶席，邀三五好友一起点茶品茗，在好友的注视下，顾客一手持汤瓶注水，一手持茶筅击拂点茶。有了这样的场景联想，顾客就很容易下单购买了。其三，给顾客多种选择。点茶师在向顾客推销茶器具的时候，相同的茶器具最好能够提供不同的品种，让顾客在比较中选择适合自己的那一款。为了提高顾客的信任，点茶师也可以将自己使用的那款茶器具提供给顾客作为参考，并积极向顾客介绍使用心得，引导顾客做出选择。

第四，根据顾客需求制订个性化方案。

并不是顾客所有的需求都能在现场得到满足，当遇到一些顾客想要定制个性化的茶器具时，点茶师也要能得体应对，尽量满足他们的需求。

在遇到客户想要定制茶器具时，点茶师要做到三点。其一，记录顾客的个性化需求。对于顾客提出的个性化需求，点茶师首先要将需求记录下来，并与顾客再确认一遍细节，以确认记录下的内容是顾客真正想要的，避免出现偏差。其二，确认需求能否实现。有些顾客的需求天马行空，厂家不一定能实现他的需求，对此，点茶师要事先与厂家取得联系，确认需求能否实现。如果不能实现，可以与顾客沟通解决方案，在与顾客沟通之前，点茶师可以先为顾客制订 1~2 个与顾客方案相似但是可实现的方案供顾客选择，以提高沟通的成功率。其三，与顾客约定取货时间和支付方式。确认好细节后，在厂家生产前，要与顾客确认好取货时间、运输方式、支付时间和支付方式。一般情况下，可以要求顾客先付一部分定金，在取货时，再付剩下的尾款。如果货物较多，可以为顾客提供上门送货服务。

二、家庭点茶空间的设计及用品推荐

许多喜欢点茶的顾客除了到茶馆、茶室等场所体验点茶，也希望能在家中营造出一个空间，在家进行点茶。点茶师要了解如何布置家庭点茶空间以及家庭点茶空间用品选配的基本要求，当顾客有这样的意愿和需求的时候，能根据他们的需要帮助他们选配家庭点茶空间用品，指导布置家庭点茶空间。

（一）如何布置家庭点茶空间

将点茶空间布置在家中，简单地说就是将茶席“移到”家中，再根据实际情况，对茶席和以茶席为中心的周围空间进行布置。因此，首先要考虑的是将茶席安置在何处，即将什么地方作为点茶空间。一般来说，可以有以下六种处理方式：独立茶室、客厅兼茶室、书房兼茶室、窗边茶室、阳台茶室、餐厅兼茶室。

第一，独立茶室。

如果家里的空间足够大，最好的方式是开辟一个单独的点茶空间，即单独装饰一个茶室。独立茶室的好处是空间足够大，一些点茶空间基本的摆设都能满足，可以考虑在独立茶室中放置茶桌、茶椅、茶炉、茶挂、插花、香炉、茶叶柜等物件，并根据空间的大小仿照茶室进行布置。一些物件的摆放可以根据主人的习惯和喜好改变位置。在满足基本功能后，要注意使用一些装饰物使茶室内部整体的风格相统一，如果有条件，还可以考虑和整个家庭内部装修风格相统一，让这个独立的茶室真正成为休闲、放松、会客的好场所。

第二，客厅兼茶室。

如果家中没有独立的空间能够开辟成茶室，可以试着将目光转向客厅，一般家庭的客厅空间都较大，是家庭成员的主要活动空间和会客空间，在征得家庭成员同意后，可以将点茶空间设置在客厅里。可以在客厅用屏风或博古架隔出一个点茶空间，再在里面摆放上茶桌，布置成一张茶席，在客厅里点茶品茗。将客厅兼作点茶空间的好处是，客厅的会客功能和点茶空间的会客功能合二为一，主人可以更加方便地会客和招待朋友。这也符合中国人用茶招待亲朋好友的传统。在客厅设置点茶空间时，可以直接将茶几作为茶桌使用。

第三，书房兼茶室。

如果设置家庭点茶空间的主要目的是求得一个安静的空间，可以一人在此品茗放松，那么，将书房和点茶空间结合是一个非常好的选择。书房本身的特点就是相对安静、独立、自由，在此设置茶席后，更可以一边品茗一边读书，让书香和茶香相得益彰，更显高雅。在书房设置点茶空间，如果书房空间足够大，可以考虑以书柜为背景，单独置办一张茶桌，再在茶桌上放置点茶所需的茶器具。如果空间不大，可以考虑直接在书桌上设置一个流动的点茶席，平时作为书桌，点茶时，再将书桌改造成点茶席。

第四，窗边茶室。

如果家中的空间并不宽裕，可以考虑拥有好空气和好阳光的窗边，在窗边设置茶桌等物件，开辟一个小小的窗边茶室。窗边的光线好、空气清新，窗外还有好风景。将点茶空间设置在窗边，可以独自一人或邀三五好友，一边品茗一边欣赏窗外的风景，舒适且惬意。

第五，阳台茶室。

阳台也是适合改造茶室的好空间，阳台视野开阔，光线好，阳光好，又是一个独立的小空间，可以把阳台改造成一个茶室，在其中设置茶席，与朋友闲看清风，随意闲聊，非常惬意。但阳台作为点茶空间的一个缺点是受天气的影响比较大，如果天气不好，就不适合点茶。

第六，餐厅兼茶室。

如果家庭成员都喜欢点茶品茗，不妨将点茶空间设置在餐厅里。餐厅是平时进餐的地方，现代人的生活节奏快，很多时候会选择在外就餐，无形之中餐厅的使用率变得低起来。将点茶空间设置在餐厅里，不仅增加了餐厅的使用频率，而且一家人围坐在餐厅里闲谈品茶，非常有利于促进家庭成员之间的感情。而且将餐厅设置成茶室，许多器具不用再添置，可以就近取材。比如，餐桌和餐椅可以直接作为茶桌和茶椅使用。餐厅里的柜子也可以作为茶器具的储物柜使用。一般的餐厅都紧挨着厨房，备水、烧水等流程就非常方便，而且还可以直接将点茶粉、茶叶等储存在冰箱里，非常便捷。

（二）根据需求推荐用品

点茶师要能根据顾客需要为其选配家庭点茶空间用品。在为顾客选配家庭点茶空间用品时，要遵循五项原则。

第一，热情原则。

面对来茶室选购家庭点茶空间用品的顾客，点茶师首先要做到的就是热情。热情是推销时的首要原则，只有对顾客热情，让顾客感受到被尊重、被用心招待，他才能进行下一步的选购。对此，点茶师需要这样做，首先，在顾客迎面而来的时候，一定要向顾客道一句："您好，欢迎光临！"问候的时候，语气一定要亲切，并且要面带微笑，目光直视对方，让顾客感受到被关注、被重视。随后可以向顾客自我介绍，表明自己的身份，必要时还可以递上自己的名片。在与顾客建立初步的信任后，方可进行接下来的推销活动。

第二，真诚原则。

"以诚相待"也是推销活动中的一个重要原则。很多顾客在为自己的点茶空间选购用品时，由于缺乏经验，通常希望点茶师能够提供一些专业的建议。因此，点茶师在面对这样的顾客时，不应该仅以推销产品为唯一目的，要根据顾客的实际情况，为其提供真诚、专业的建议。当这些真诚、专业的建议被顾客接受时，接下来的推销工作就会变得容易得多。点茶师在帮助顾客选购家庭点茶空间用品的时候，除了是一名销售员，同时还应该是一名专业顾问。

第三，因人而异。

将点茶空间设置在家中，布置的用品受家中空间和装修风格等因素的影响很大，点茶师在为顾客提供建议的时候，要因人而异，根据顾客的实际情况为其规划方案，选购物品。必要时，可以上门提供服务，在实际勘查现场后，再为其选购合适尺寸和风格的茶桌、茶艺、铺垫、茶挂等物品。在推销时，切忌千篇一律，忽略实际情况，向所有人推销相同的物品。这样，一方面推销成功的概率会降低；另一方面顾客也很难感受到自己受到尊重。

第四，实用原则。

点茶师在为顾客选购家庭点茶空间用品的时候，还要本着实用的原则，设身处地地为顾客考虑，不要为了多推销出物品而夸大其词，盲目推销。比如，有些顾客家中空间不够大，那么，可以建议他把茶几、书桌等改为茶桌，将更多的预算用来购买点茶器具，不要为了销售业绩而盲目地向顾客推销茶桌。有些顾客不了解点茶，对点茶很感兴趣，但不知道从何入手，点茶师可以向其推荐一些基础入门的物件，而不是让他刚购买一整套用具。

第五，与家居风格一致的原则。

面对顾客，点茶师还要与顾客确认其家居的装修风格，为其选购用品的时候，尽量选择与其家居风格一致的物品，尤其在茶桌、茶椅、铺垫等物品的选购时，提醒顾客选购接近家居装修风格的产品。这样，身处家庭点茶空间中的时候才会更加惬意和舒适。

三、茶室等经营场所商品的调配

除了能根据顾客的需要选购家庭点茶空间用品，点茶师还要能够为茶室等经营场所选配并向其销售茶商品。茶室作为专业经营点茶的商家，在茶商品等选配上，应该更加专业。点茶师在为茶室等经营场所选配和销售茶商品时要注意四个要点。

第一，根据节假日选配茶商品。

茶室等场所的营业情况与节假日等关联密切，呈现出节假日营业额大大高于平时的情况。为此，在节假日来临之前，点茶师要根据往年节假日的销售情况，提前为茶室备货，确保节假日时，茶商品能够及时供应。另外，根据节假日的不同，点茶师可以根据节日的主题准备不同的茶商品，以此来促进茶商品的销量。比如，七夕节来临之际，点茶师可以为茶室策划七夕活动，将点茶粉和茶叶两两打包，取“成双成对”之意，促进点茶粉和茶叶的销量。

另外，根据不同的节假日，点茶师还可以为茶室选配不同的茶点以增进节日的气氛。比如，中秋节时，可以为茶室选配一些精巧的月饼作为茶点；元宵节时，可以选配一些汤圆。

第二，根据季节选配茶商品。

受茶叶属性的影响，点茶师可以根据季节的不同为茶室安排一些特色茶叶，以提高顾客的消费热情。常言道：“春饮花茶，夏饮绿茶，秋饮青茶，冬饮红茶。”每个季节都有不同的茶饮，点茶师可在根据季节的特征，推出一款或多款大众喜爱的茶饮。比如，春天的时候推出一款茉莉花茶，夏天的时候主推金山翠芽，秋天的时候主推铁观音，冬天的时候主推工夫红茶。在点茶之余，让顾客可以选择自己熟悉的大众茶饮。这样的话，即使有些顾客因为受朋友邀请，第一次来到茶室无法适应点茶的味道，也有丰富的茶饮可供其选择。而根据季节调整的茶单，让顾客获得新鲜感的同时，还能够提高销量。

第三，根据销量选配茶商品。

点茶师要及时关注店内各类茶商品的销售情况，并及时根据销售情况调整营销战略。比如，在某些非节假日的普通时段，某款点茶器的销量非常不错，且呈现不断增长的趋势。观察到这样的情况后，一方面，点茶师要及时增加这款点茶器的库存；另一方面，在茶室为这款商品设置陈列位以加大曝光度和销量，必要时，还可以搭配新品以带动新品的销量。

而当观察到某些商品的销量几乎停滞或降低时，要及时盘点这款商品的库存，及时对这种现象做出判断，并制订相应的销售策略。如果这款产品只是因季节的原因销量减少，可以暂时不作处理，等下一个适合的季节再进行销售。如果产品是因为设计或包装等原因被市场淘汰，要及时做出反应，进行打折促销或者捆绑销售，及时清理库存。对于销量不好或者一般的产品要做好进货规划，避免因进货过多导致库存积压，而使茶室蒙受损失。

第四，及时为商家选配新产品。

茶室在经营时要注意自身的成长和变化，一成不变的产品很难吸引新顾客，也无法留住老顾客。在条件允许的情况下，点茶师要及时为茶室选配新产品。在选配新产品的时候，可以先对顾客进行销售调研，即先选配少量的新产品摆放在店中自然销售，并收集顾客对这款产品的看法和建议。经过一段时间的销售和观察后，如果发现产品确实适合长销，可以将这款产品作为重点产品进行推广和销售；如果发现产品不适合销售，则要及时拒绝，以免造成损失。

第三部分

点茶师培训教材（高级）

第七章　高级点茶师的接待准备

第一节　仿宋礼仪

我国自古以来就是礼仪之邦，宋代时，经济高度发展，文化空前繁荣，人与人之间的社交也十分活跃，由此形成了一套独特的社交礼仪。宋代是中国茶文化的鼎盛时期，点茶、品茶、斗茶成为当时社会的普遍现象。到了当代，在点茶活动中，高级点茶师可以身着仿宋服饰，行仿宋礼仪，以此增加点茶活动的氛围感和仪式感。接下来我们会简单介绍几种仿宋礼仪，高级点茶师需要掌握这几种礼仪，并在平时的点茶活动中灵活运用。

高级点茶师在接待准备这一环节中，要能够使用仿宋礼仪接待顾客；为顾客提供基本的仿宋礼仪指导；同时还要掌握仿宋礼仪基础知识。

一、见面礼仪

与现代人见面时的握手礼不同，宋代礼仪中包含许多见面礼仪。简单归纳有以下四种。

（一）揖礼

“揖”以站立姿态，不需跪拜，礼节较拜礼要轻一些。揖礼行礼时手态是这样的：左右手食指、中指、无名指、尾指四指并拢，男子左掌抚托右掌背交叉或平叠，掌心朝内，左右拇指相扣，两手合抱，拱手为礼。女子揖礼有所不同，与男子相比为右手在前左手在后。在不同场合或面对不同人时，所行揖礼也有区别，主要分为天揖、时揖、土揖。天揖，即上揖，揖礼手位于高者，标准揖礼，正式礼仪场合，如祭礼、冠礼等行此礼，对尊长及同族中人行此礼。身体肃立，双手抱圆，男子左手在上，手心向内，俯身推手时，微向上举高齐额，俯身约60度，起身时自然垂手或袖手。时揖，即中揖，揖礼手位于平者，又叫拱手、推手、抱拳，同辈日常见面、辞别礼。身体肃立，双手抱拳，男子左手在上，手心向下，从胸前向外平推，俯身约30度，起身，同时自然垂手或袖手。土揖，即下揖，揖礼手位于下者，又叫下手，用于长辈或上司还礼。身体肃立，双手抱拳，男子左手在上，手心向内，俯身约30度，推手稍向下，起身，同时自然垂手或袖手。同样，女子行礼，手位相反。

（二）叉手礼

叉手礼是宋代较为常见的一种行礼方式，叉手礼的适用范围很广，无论男女老幼都可以使用。北宋训蒙论著《训蒙法》中记载："小儿六岁入学，先数叉手：以左手紧把高手，其左手小指指向右手腕，右手皆直，其四指以左手大指向上。如以右手掩其胸也。"在行叉手礼时，要注意用左手握住右手的拇指，右手的指头都应该伸直，左手的大拇指向上，小拇指指向右手腕，两手交握于胸前。

（三）万福礼

女子多用万福礼，既可以用于女子向男子行礼，也可以用于女子之间行礼。见面和告别时都可以行万福礼。行礼时，双手握拳，将右手放置于左手之上，两手位于腹部中央，两膝微曲，颔首低眉，用右脚向后撤出一小步，微微伏身而起，口念"万福"。在行万福礼的时候，动作要讲究平稳和慢，神情上要谦卑和顺，行为上要落落大方。

（四）避让

避让指的是遇到身份尊贵的人时，要侧身避让，以示尊重。在点茶活动中，如遇顾客迎面而来，可以侧身避让表示尊重。

二、点茶礼仪

点茶礼仪是在宋代基本礼仪和饮茶基本礼仪的基础上总结改良而来的。主要分为点茶行茶仪轨、鞠躬礼、伸手礼、叩首礼、叠手礼、分茶礼、取物礼、注目礼、品茶礼仪、寓意礼等。

（一）点茶行茶仪轨

点茶行茶仪轨，分为点茶行茶雅六式和点茶行茶十式。

点茶行茶雅六式分别是：第一式，盛以雅尚；第二式，号曰茶论；第三式，人恬物熙；第四式，励志清白；第五式，烹点之妙；第六式：啜英咀华。

点茶行茶十式分别是：第一式，盛以雅尚；第二式，号曰茶论；第三式，人恬物熙；第四式，玉之在璞；第五式，碾力而速；第六式，罗轻而平；第七式，励志清白；第八式，烹点之妙；第九式，啜英咀华；第十式，盛世情尚。

（二）鞠躬礼

鞠躬礼是一种日常常见的礼节，行鞠躬礼时，上身弯曲向前，低头、弯腰、避开对方的视线，表示对对方的尊重。按照鞠躬时上身弯曲的角度不同，又可以分为草礼、行礼、真礼。一般来说，行草礼时弯腰小于 45 度，行行礼时弯腰约 45 度，行真礼时弯腰约 90 度。尊重程度依次递增，弯腰角度越大，尊重程度越大。

（三）伸手礼

伸手礼是一种较为常见的茶礼，又分为长伸手和短伸手。一般用在引导入座、请求他人帮助传递物品、请他人品茗等情形。行伸手礼时可以坐着也可以站立，一般坐着时为短伸手，站立时为长伸手。行伸手礼时，用右手或者左手都可以，注意使用右手时，应向右前方伸，使用左手时，向左前方伸。伸手时手心向上，五指自然并拢。

（四）叩首礼

叩首礼也称叩指礼，是茶桌上心照不宣的“暗号”。曹鹏在《功夫茶话》中写道：当别人为你倒茶时，曲指轻敲桌面，既表示注意到了热茶正倾入茶杯，示意对方“但倒无妨”；又含有致谢之意，相当于“这厢有礼了”。叩首礼的出现，让茶桌上的宾客不会因为倒茶时的客套而打断谈话，可以照常谈话。叩首礼也分长幼，可以分成以下三种情况。

当长辈为晚辈倒茶时，晚辈应该右手握拳，拳心向下，轻叩三下，意思是向倒茶人行叩拜之礼。

当平辈为平辈倒茶时，只需要将食指和中指并拢，轻敲三下，表示对对方的尊重。

当晚辈为长辈倒茶时，长辈可以用食指或者中指敲击一下，表示知晓，相当于点头示意。如果长辈对倒茶的晚辈特别欣赏，可以敲击三下。

（五）叠手礼

叠手礼分为站立的叠手礼和坐着的叠手礼。站立时，双手十指向下并拢，女子左手在下，右手在上，很自然地交叠在一起，放在腹部的侧方；男子相反，即右手在下，左手在上。坐着的时候，女子左手在下，右手在上，双手轻轻地叠放在茶桌边缘，如果茶桌上有茶巾，也可以把手放在茶巾上；男子无须行叠手礼，而是双手握虚拳，与肩齐宽，垂直立放于茶桌上。

（六）分茶礼

分茶礼分为奉茶和敬茶两种情况。

分茶时，顺序从左到右。用右手拿茶杯，左手托住茶杯的杯底，用双手为顾客奉茶，端到顾客面前时，要略微躬下身子，对对方说“请用茶”，也可以使用伸手礼，向对方表示请用茶之意。

奉茶时，可以使用茶托、杯垫为顾客端茶，注意手指不要碰到杯沿。也不要一边端茶一边说话，以防唾液飞溅进入杯中。

敬茶顺序是先长后幼，依身份的高低先后敬茶。要注意从顾客的右方向其敬茶。敬茶的时候要注意不要发出声音，尤其将茶杯放置在桌上时。

（七）取物礼

取拿物品的时候，也讲究一定的礼仪。一般来说，要做到从哪里拿，放回到哪里去，切忌拿取物品后随意堆放。另外，拿取物品时要注意轻拿轻放，以无声最佳。还要遵循方便原则。

（八）注目礼

注目礼一般在较为严肃和庄重的点茶场合使用，表示庄重、肃穆、尊敬之意。行注目礼时，身体要立正，抬头挺胸，目视前方。精神要饱满，不可言语随意，倚靠他物。总的来说，就是要定心、定性。

（九）寓意礼

寓意礼包括三方面。

第一，请筅三敬礼。点茶时，第一次请筅，从上至下有三停。这三停有三重意义，一是三拜茶祖；二是礼敬茶筅与《大观茶论》，茶筅是点茶人皆用之器，《大观茶论》是第一本记载茶筅的书籍；三是向茶友表达敬意。

第二，持筅手势。持筅手势寓意“正、清、和”，持筅垂直于桌面，意为“正”；手指在节口之上，拇指与四指分，意为“清”；四指并，意为“和”。

第三，扶盏手势。扶盏手势寓意一：手在盏边缘下方，意为“不逾矩，心常恭”；寓意二：拇指与四指分为“清”，四指并为“和”；寓意三：虎口靠近盏，是“危中求安”，意为“行常慎”；寓意四：虎口不贴靠盏，有留空，意为“留有三分是余地”。

（十）品茶礼仪

在品茶时也有一些注意事项，主要有四点。

第一，品点茶，有三品。一品，点茶之色——观茶色；二品，茶有真香——闻茶香；三品，以味为上——品茶味。

第二，忌“一口闷”或“亮杯底”。与喝酒时的习惯不同，喝茶讲究缓缓喝，细细品，十分忌讳像喝酒一样“一口闷”或者“亮杯底”。

第三，品茶时，不可以随意皱眉头，这个动作表示嫌弃主人的茶不好。

第四，品茶时，要轻拿轻放，不要发出过大的声响，否则会认为是有意挑衅。

三、仿宋仪表

在进行点茶活动的时候，高级点茶师要能根据宋代的服饰及妆容特征，选择合适的、正确的仿宋服饰，画仿宋妆容，使用仿宋礼仪服务顾客。然而，在当下的社会，仿宋汉服和仿宋妆容并不为大众所熟识。为此，点茶师在选择仿宋服饰时，可以先选择从相关商店购买，当商店的商品无法满足需求时，也可以翻阅古籍资料，了解宋制汉服特点，再根据服装特点请专业的裁缝量身定做。至于仿宋妆容，点茶师可以根据史料设计妆容。

高级点茶师需要掌握相关方面的知识，以便将其用于仿宋仪表的设计上。高级点茶师对宋代服饰和宋代妆容必须要有基本的认识。

（一）宋代服饰

宋代服饰继承和延续了隋、唐、五代时期服装的样式，并在此基础上融入了自己的审美特点。相比于隋唐的艳丽繁复，宋代的服饰更加淡雅清丽、纤细柔美。宋代服饰相比于前朝，更偏向于清淡素雅的颜色，如葱白、粉紫、浅黄、银灰、浅碧、沉香色等，给人一种含蓄素雅之美。秦观在《南歌子》中写道："香墨弯弯画，燕脂淡淡匀，揉蓝衫子杏黄裙，独倚玉阑无语点檀唇。"其中"揉蓝""杏黄"就是宋代女子服饰的颜色。此外，李清照的"和羞走，倚门回首，却把青梅嗅"以及周邦彦的"莫将清泪滴花枝，恐花也，如人瘦"描写的就是宋代女子清瘦素雅的姿态。

宋代服饰分为女子服饰和男子服饰。

第一，宋代女子服饰。

宋代女子服饰形式多样，主要分为三种，一种是皇后、贵妃及各级命妇所着的"公服"；一种是普通百姓所用的"礼服"；还有一种是日常所穿的"常服"，以衫、襦、袄、褙子、裙、袍、褂、深衣为主。在日常着装中，最常见的是上衣下裳，在肩上披帛的着衣方式。其中，上衣的种类包括衫、襦等，在形制上有宽袖、窄袖、长袖、短袖之分；下裳有千褶裙、百叠裙等。吕渭老在《千秋岁》中用"裙儿细裥如眉皱"形容百叠裙之美。这样的装扮在宋代的石刻中十分常见，此外，南宋著名画作《盥手观花图》中的女主人就是上身着交领短衫，下身着拖地长裙，摇曳生姿，清新雅致。

此外，抹胸搭配褙子的装束在当时也是非常常见的穿搭方式，褙子又称背子、绰子、绣裾，始于隋代，流行于宋、明两代。在当时，这是一种新型独特的穿搭样式，多见于北宋中后期。褙子在形制上也有宽袖、窄袖、长袖、短袖等之分，还有半身、及膝、过膝、至足等几种。宋代的褙子样式一般都是直领对襟，且前后襟不缝合，腰身为直线型，两侧的腋下开衩。一般搭配抹胸、百叠裙等，穿着时，前面的门襟敞开，上身露出里面的抹胸，下身露出散落的裙角。这样的穿着方式在《招凉仕女图》《歌乐图》《瑶台步月图》等画作中可以见到。此外，宋代的女子服饰还有襦裙装、广袖袍等样式。

第二，宋代男子服饰。

宋代的男子服饰分为公服、常服、平民服和儒生服。公服主要是官员所着之服，常服是官员在下朝后以及平常百姓平时所着的服装，有燕居服、袍等，一般有官职和没有官职的男子，常服也会有所区分。比如，有官职的男子会着锦袍，而没有官职的男子会着白布袍。儒生服主要是儒生所穿的衣服，很早就已经存在。平民服顾名思义就是平民日常所着的衣服，分为“衫”“裳”“襕衫”“直裰”等形式，其中“衫”是当时较为常见的一种男子服饰，指的是外衣，一般不包含里面的衣服，外形宽大的叫作“凉衫”，白色的叫作“白衫”。衫的出现，丰富了宋代士人穿衣的层次感，更显儒雅。“裳”则是沿袭了上衣下裳的古制，主要指男子下身的衣服，是当时比较普遍的衣服。一般来说，生活中这样的衣服是不需要束腰的，但是当会见比较重要的人或者出席重要的场合时，会将腰束起来。“襕衫”虽然和“衫”只有一字之差，却是完全不同的一种服装形式，它是介于“衫”和“裳”的一种服装，《宋史·舆服志》曾这样描述“襕衫”：“襕衫以白细布为之，圆领大袖，下施横襕为裳，腰间有襞积，进士、国子生、州县生服之。”可见襕衫当时主要流行在学子和为官者之间。“直裰”是一种比较宽松的长衣，一般两侧不开叉，无下摆，后背中间却有明显的中缝，而被称为“直裰”，两宋时期一般为僧侣所着之服。

（二）宋代妆容

宋代文人袁褧在《枫窗小牍》中记载了当时女子的妆容变化：“汴京闺阁妆抹凡数变：崇宁间，少尝记忆作大鬓方额；政宣之际，又尚急把垂肩；宣和以后，多梳云尖巧额，鬓撑金凤；小家至为剪纸衬发，膏沐芳香、花靴万履、穷极金翠，一袜一领费至千钱。”

可见当时女子的妆容总体是倾向于清新、端庄的素雅之风。宋代摒弃了前朝浓妆艳抹的红妆，而推崇素雅的“薄妆”和“淡妆”。其中比较有代表性的妆容有“檀晕妆”和“三白妆”。“檀晕妆”的“檀”是粉红色的意思，“檀晕妆”中用到的“檀粉”是用胭脂与白粉调和而成，这种妆面上妆时，先用铅粉打底，再用檀粉定妆，因为檀粉中含有胭脂，所以上妆后，脸颊微红，更显出肌肤的柔和与光润，使整个妆面看上去素雅自然。关于檀晕妆的文字记录有很多，比如，贺铸在《诉衷情》中写道：“半销檀粉睡痕新。背镜照樱唇。”晏几道在《更漏子》中写得更直白：“雪香浓，檀晕少，枕上卧枝花好。春思重，晓妆迟，寻思残梦时。”“三白妆”指的是在女子额头、下巴、鼻梁三处着重涂白。

宋代女子的发式多种多样，以高发髻为美，“门前一尺春风髻”说的就是宋代女子高高的发髻。发髻的种类非常多，常见的有这几种：朝天髻、包髻、鬟髻、双蟠髻、双丫或三丫髻等。朝天髻是将头发梳至头顶，编成两个对称的圆柱形发髻，在发髻下垫上簪钗等物品，使它高高翘起，再在发髻上搭配各种珠宝饰物。包髻的做法是在发式已经定型的基础上，用布巾加以包裹，这种发式的主要特点在布巾的包裹技巧上，布巾可以包裹成各种花型，再用鲜花、珠宝等装饰，美观大方。鬟髻是很受宋代少女欢迎的一种发式，黄庭坚的诗句“晓镜新梳十二鬟”指的就是它，绘画作品《林下月明图》中有一位女子梳的就是这种发式。双蟠髻又叫做龙蕊髻，有些像压扁的鬟髻，苏轼留有一首《南歌子·绀绾双蟠髻》的词来描写这方发式。双丫或三丫髻多为宋代女童所梳。

另外，宋代女子的唇形以丰满圆润为美，樱桃小口最受女子喜爱。宋代女子一般用烟墨画眉，历史上著名的“延硅墨”就要专门用来画眉的墨，眉妆有远山黛、蛾眉妆、浅文殊眉、出茧眉、广眉眉式、倒晕眉等。有史料记载，北宋曾有一名女子画眉百天不重复，足见当时眉形之丰富。

第二节　茶事准备

高级点茶师在进行茶事准备时，要求要高于初级点茶师和中级点茶师，主要体现在高级点茶师要具备这些能力：

能鉴别点茶原料品质高低；

能鉴别仿古末茶、抹茶、茶粉；

能识别常用瓷、陶点茶器具的款式及质量；

能识别常用木、金属、漆、布等点茶器具的款式及质量。

掌握以下知识：

点茶原料品评的方法及质量鉴别；

仿古末茶、抹茶、茶粉鉴别方法；

瓷、陶点茶器具的款式及特点；

木、金属、漆、布等点茶器具的款式及特点。

一、茶叶、点茶粉品评的方法及质量鉴别

（一）茶叶的品评方法与质量鉴别

茶叶的品评的主要要点和步骤有抽取样品、测定水分、评定外形、评定内质等环节。

第一，抽取样品。

抽取样品指的是从每件茶的上、中、下及四周各取一把小样，混合而成总的样品，这样反复多次，采用四分法，将总样分成四份，再取对顶角的两份，混合而成的就是样品，一般抽取的样品要达到500克，再将这个样品放入样盘中等候品审。抽取样品是品评的首要环节，也是非常重要的环节，因为茶叶的等级评定就是由样品来决定的，因此，在抽取样品时一定要符合程序，做到客观、公正、科学。

第二，测定水分。

茶叶对湿度有一定的要求，过多的水分会使茶叶发生霉变、变质。一般茶叶的含水量以5%~6%为宜。茶叶水分的测量可以通过相关仪器进行，也可以通过感官进行。通过感官测评水分，是抓取一把茶叶，用手握住茶叶，感受茶叶的含水量。一般来说，如果感到刺手，并且揉捏的时候能听到沙沙声，稍微一用力，条索即断，用手指稍一揉捏便能变成粉末的，这表示茶叶的含水量在7%以下；如果揉捏时，条索能捏断，但是无法捻成粉末，只能捻成片末，则表示含水量在10%左右；如果握住茶叶时，感觉茶叶不刺手，且握住时稍有回力，用手指捻时，梗皮不离，则表示茶叶的含水量在10%以上。用感官判断茶叶的含水量，需要点茶师不断的练习，点茶师可以对照测量仪器的结果练习，让自己的判断更加精准。

第三，评定外形。

茶叶外形的评定又称“干看”，主要从茶叶的条索、嫩度、色泽、净度这四个方面来判断。评审时，先将样品放入茶盘中，再双手抓住茶盘的两端，来回均匀摇晃十几下，使茶叶在重力的作用下，按大小、轻重自然分层。其中最上层的是大的、较轻的，称为“面装茶”；中间一层是紧细重实的，称为“中段茶”；下面一层是细碎的、体积小的，称为“下段茶”。评定时，先看面装茶的条索、嫩度、色泽、

净度等，再看中段茶的紧细、嫩度、重实程度等，最后看下段茶的碎片含量。

条索：条索指的是茶叶的外形，品评时，通过查看茶叶条索的松紧、粗细、整碎、扁圆、弯直等来判断茶叶的品质。一般来说，紧的、细的、整的、圆的、直的为佳，而松的、粗的、碎的、扁的、弯的则为差。

嫩度：嫩度指的是茶叶材料的嫩度，品评时，主要依据茶叶中芽叶的多少来判断嫩度。一般来说，芽头多、锋苗多、叶质细嫩、身骨重实的为好，而芽头少、锋苗少、叶质粗老、身骨轻的为差。

色泽：色泽指的是茶叶的颜色和光泽。不同的茶叶种类在颜色上有不同的品评标准。以绿茶为例，就有翠绿、青绿、深绿、青黄等种类，品评时，主要视茶叶的种类和品种而定。光泽有光润和干枯之分，一般以光润为佳，以干枯为次。

净度：净度主要指茶叶中杂物的多少，茶叶中的杂物包括茶叶类的杂物和非茶叶类的杂物。茶叶类的杂物包括茶梗、茶末、茶片、茶籽等；非茶叶类包括沙石、竹叶、木屑、虫子、杂草等。茶叶的净度越高越好。

第四，评定内质。

茶叶的内质评定又称“湿看”，在品评时，主要从汤色、滋味、香气、叶底这四个方面进行评价。点茶师在品评时，与“干看”相同，先将茶盘中的样品摇匀，然后从上往下取面装茶、中段茶、下段茶的茶叶各三克左右，用开水泡开，用杯盖闷五分钟，再将茶汤分装在小杯中请评审评鉴。倒出茶汤后，将泡开的茶叶放入白色的瓷盘中，以便评审查看。

香气：主要评判香气的持久与纯正，分为热嗅、温嗅、冷嗅等。杯内的温度不同，香气也不同。因此要在温度高的时候先热嗅，在温度降低时再温嗅，等冷却后再冷嗅。嗅的时候要按顺序依次嗅，主要判断香气的强弱、高低、持久性以及有无霉味、烟味、焦味等异味。

汤色：指查看茶汤的颜色，一般从亮暗、深浅、清浊等几个方面对茶汤的颜色进行评价。由于茶叶种类的不同，茶汤也呈现出不同的颜色，评价标准也不尽相同。总的来说，以亮色、清澈为好，以暗淡、浑浊为差。

滋味：指茶汤的滋味，包括口感、味道等。一般在茶汤 50 度左右的温汤时进行品尝。主要判断茶汤的鲜爽、浓淡、苦涩、强弱等。茶叶品种不同，各类茶叶的评价标准也不尽相同。

叶底：叶底指的是冲泡后的茶叶。在品评时，需要将茶叶拌匀、铺开，以观察茶叶的嫩度、色泽、匀度等。

（二）茶粉的品评方法与质量鉴别

茶粉指的是以符合食品安全国家标准的茶叶为原料，经研磨工艺加工制成的微粉状茶产品。现代的茶粉一般采用超微粉碾磨设备，将茶叶瞬间恒定低温加工成微粉状茶产品，这样加工后能最大限度地保持原来茶叶的颜色、营养价值等。在品评茶粉的时候，先抽取样品，再通过色泽、颗粒、香气、汤色、滋味等评判。

第一，抽取样品。

由于茶粉呈粉末状，呈现形态较茶叶更加均匀，因此抽取样品的步骤更加简单。可以分别从茶粉的上、中、下及四周抽取小样，再混合成样品即可，一般选取500克左右的样品。

第二，看色泽。

在看茶粉的色泽时，主要看它的颜色和茶叶颜色的接近程度，以接近茶叶的颜色为优。以绿茶粉为例，如果生产茶粉的这款绿茶，颜色以翠绿色为上，那么，加工后的茶粉也以翠绿色为上。一般来说，明亮的优于暗淡的。

第三，看颗粒。

对于茶粉来说，目数越高，茶粉越细；茶粉越细，品质越好。看细度时，可以用不同目数的筛子来测量。比如，取样品用200目筛来筛茶粉，筛下的茶粉目数低于200目。柔软细腻均匀的颗粒为佳。

第四，嗅香气

嗅香气分为干嗅和湿嗅两种，分别在茶粉形态和茶汤形态嗅其香味，一般来说，香味正、强、高、持久、无异味者为优；香味不正、弱、低、短暂、有异味者为差。符合该类茶的香气为佳。

第五，看汤色

根据茶的品种不同，汤色不同，以符合该类茶的茶汤颜色为佳。

第六，品滋味

将茶粉用点茶法制作成茶汤以后，品其滋味。苦、涩，锁喉明显为差。香甘重滑为佳。符合该类茶的滋味为佳。

二、仿古末茶、抹茶、茶粉的鉴别方法

高级点茶师在点茶中要会区分仿古末茶、抹茶、茶粉等。以便在点茶过程中可以自如地选取点茶粉。

仿古末茶，是指当代根据宋代工艺仿制成团茶，再根据宋代制作茶粉的步骤，将团茶经过碎茶、碾茶、磨茶、罗茶等步骤得到的用以点茶的末茶。由于这种末茶是通过手工制作得到的，产量少、造价高，在市场上流通较少。

抹茶，国家标准 GB/T 34778-2017 中对抹茶进行了明确的定义：抹茶是采用覆盖栽培的茶树鲜叶经蒸汽（或热风）杀青和干燥制成的叶片为原料，经研磨工艺加工而成的一种微粉状茶产品。受制作工艺的影响，抹茶一般是深绿或者墨绿色，取一些抹茶粉敷在手上，可以感受到它的细腻程度。另外，由于抹茶经过覆盖蒸青，所以所得的抹茶粉少涩少苦，味道清香淡雅，有粽叶的香气，还有特别的海苔味。

茶粉，茶粉指的是以符合食品安全国家标准的茶叶为原料，经研磨加工工艺制成细度 100 目以上的产品。所得的茶粉，香气、滋味要与其茶品种相符。一般茶粉的颗粒比抹茶大，茶粉敷在手上时，能感觉到比较粗糙。茶粉的种类很多，六大茶类都可以制作成茶粉。

在茶粉中，绿茶粉的外形和抹茶粉较为相似，点茶师要特别注意这两种茶粉的区分。一般来说，可以通过“一看二闻三尝”的方式辨别。

一看指的是看茶粉的颜色。由于制作工艺不同，抹茶粉经过蒸青工艺处理，所得的抹茶粉颜色深绿明亮，在阳光下色泽会变浅；而绿茶粉的原料没有经过蒸青工艺处理（除蒸青绿茶），所得的绿茶粉颜色偏黄，通常为草绿色，将其放置在阳光下（时间不能过长），一般不再变浅。

二闻指的是闻茶粉的味道。抹茶粉的味道纯净，清香雅淡，有淡淡的粽叶香。而绿茶粉的味道多为青草香，具有该类茶品的特征，清香不足。

三尝指的是尝茶粉的味道。将茶粉兑水或用于点茶后，抹茶吃起来苦涩味弱，有清香。而茶粉的口感应体现其茶品的基本特征。经过一段时间，抹茶粉的沉淀较少，而茶粉的沉淀较多。

三、瓷器茶器具的款式及质量鉴别

瓷器茶器具的种类有很多，其款式有碗盏（可带托）、茶壶、茶杯、茶荷、茶则、公道杯、盖碗、品茗杯、闻香杯、茶洗、茶宠、茶杯等。另外，按照材质的不同，又可以分为白瓷茶器、青瓷茶器、黑瓷茶器、彩瓷茶器等。点茶师要会分辨这些瓷器的款式，并了解不同材质的瓷器的优缺点，能对其进行基本的质量鉴别。

（一）瓷器茶器具的款式

第一，点茶盏。

北宋时期，点茶的碗盏多是青白釉或青釉的，造型上主要以斗笠碗和花口碗为多，茶盏造型不多，主要以斗茶盏和带托盘盏为主。茶盏有大小之分，小的用于品饮或一人量点茶；大的用于多人量点茶。

随着点茶技艺的发展和烧瓷技术的发展，人们发现福建闽北建窑出产的黑釉盏（通称建盏）最适合用来点茶。点茶时要将茶汤与水搅匀后饮用，因此对茶盏的颜色、形态、色泽、质感都有很高的要求。茶盏要便于搅拌茶汤、观察茶汤和沫饽效果以及沫饽的持久性等。蔡襄在《茶录》中这样说道："茶色白，宜黑盏，建安所造者绀黑，纹如兔毫，其坯微厚，熁之久热难冷，最为要用。出他处者，或薄或色紫，皆不及也。其青白盏，斗试家自不用。"宋徽宗也在《大观茶论》中记载道："盏色贵青黑，玉毫条达者为上，取其燠发茶采色也。底必差深而微宽，底深则茶宜立而易于取乳，宽则运筅旋彻不碍击拂，然须度茶之多少。"

第二，茶壶。

茶壶是用来泡茶或者斟茶的带嘴的器皿，一个茶壶由盖、身、底、圈足这四部分组成，由于茶壶壶盖、壶身、壶把等的不同，使得茶壶的造型千变万化，光基本形态就有 200 多种。比如，根据壶把的不同，可以将茶壶分为侧提壶、提梁壶、飞天壶、握把壶、无把壶等。

第三，茶荷

茶荷是置茶的器具，形状多为半球形的开口器皿，主要用来放置茶叶、观赏茶叶之用。一般来说，茶荷的造型都非常精美，颇具观赏价值，既有实用价值又有艺术价值，是泡茶席上不可或缺的一件茶器。

第四，茶则。

茶则，也叫茶合，是量取茶叶的主要器具，将茶叶放置在茶荷中，如果需要量取茶叶放入茶壶，就需要用茶则来量取。茶则也是陆羽提到的28种茶器具之一，他在《茶经》中是这样描述茶则的材质和作用的："则，以海贝、蛎蛤之属，或以铜、铁、竹、匕、策之类。则者，量也，准也，度也。"现在的茶则很多是瓷制的。

第五，公道杯。

公道杯又称匀杯或者分茶器，在直接用茶壶分茶的时候，会出现前面的人倒入的茶汤淡，后面的人倒入的茶汤浓的现象，因此，人们将茶汤先倒入公道杯中，再用公道杯分给每一个人。这样就解决了茶汤浓度前后不一的问题，同时，先将茶汤倒入公道杯中，还可以起到冷却茶汤的作用。

第六，盖碗。

《中国茶叶大辞典》是这样定义盖碗的：盖碗，饮具。多见瓷质。上配盖下配茶托，茶托隔热便于持饮。这是一类由碗、盖、托组成的盖碗，是现代茶馆中最常见的标志性盖碗茶器，被茶人称为"三才杯"。盖碗既可以一人一碗直接用来冲泡茶叶饮用，也可以在盖碗中冲泡后分给多人饮用。

第七，品茗杯。

品茗杯是用来品茶和欣赏茶汤的杯子，在漫长的历史发展过程中，随着茶文化的不断发展，涌现出了多种多样的品茗杯，各具特色，各有用处，主要有以下几种。

压手杯：一种杯子的样式，其口较为平坦并且外撇，腹壁内收且近于竖直，圈足。握在手中时，口沿正好压合于手缘，体积、大小、轻重都适中，故称"压手杯"。《博物要览》中是这样描述压手杯的："压手杯，坦口，折腰，沙足滑底。"

撇口杯：最为常见和常用的一种杯子，它的胎质细润且薄，开口略微向外撇，腹部稍微收敛，滚圆圈足。有很好的聚香和聚味的作用，饮茶时，能较好地保持茶汤本身的味道。

折腰杯：它的器型类似于撇口杯，但折腰杯的腹部稍折，取"不为五斗米折腰"的典故。它的设计也非常贴合手部曲线，是人们非常喜爱的一种杯子。

六方杯：又称六棱杯，杯壁有六个同样大小一样的面和六条棱，整个杯身挺拔圆润、方中带曲、清爽耐看。

莲瓣杯：莲瓣杯与撇口杯相似，区别是莲瓣杯的杯壁上点缀着小小的莲瓣，加上杯身良好的透光性，使杯体看上去晶莹剔透。用久了之后，茶色会在折角处上色，从而形成变幻莫测、精美绝伦的花纹。

斗笠杯：形似斗笠，下小上大，以斗笠取名，是取其怡然自得之美。斗笠杯简洁大方，古朴有致，有大道至简的美感。

圆融杯：杯身略微向外鼓起，口径略内收，其聚香和聚味的效果明显更好一些，综合口感是最好的。

方斗杯：形似方斗，故而得名方斗杯，口大底小，方圈足，主要流行于明代嘉靖年间。

第八，闻香杯。

闻香杯主要用作闻香，较品茗杯更细长，一般会配一个茶托一起使用。闻香杯的保温效果较好，茶汤倒入闻香杯后，可以保温一段时间，这样既有暖手之效，又可以让茶香多保留一段时间。

第九，茶洗。

茶洗指用来洗茶的器具，它的形状很像一口大碗，一般一个茶席上会配有多个茶洗，分别用来浸洗茶杯、浸冲罐以及收集茶席中产生的废水和茶渣等。

第十，茶宠。

茶宠指的是茶桌上的“宠物”，是品茗饮茶时用茶水滋养或把玩的宠物，以陶制的居多，也有瓷制的。

（二）不同材质瓷器的特点、质量鉴别及保养方法

第一，白瓷茶器的特点及质量鉴别。

白瓷茶器胎质细腻，透明度高，通体白色，用白瓷茶器盛茶汤观赏性极强，不仅能衬托茶汤的颜色，而且还能看出茶色的变化。此外，白瓷茶器用后不挂味，容易清洗，再使用的时候不会串味。

然而白瓷茶器也有缺点，白瓷茶器的壁通常较薄，因此比较容易破碎，在使用时，也容易烫手，保温性能差。并且白色不耐脏，容易堆积茶垢，使用后需要及时进行深度清洗。对点茶而言，不便于观察白色的沫饽。

在鉴别白瓷茶器质量的时候，可以从四个方面进行。其一看外形。看外形指的是看白瓷茶器的外观是否对称，做工是否讲究以及外壁上有无杂质等。一般质量好的白瓷茶器外形对称外观、没有瑕疵，且做工讲究。其二看透光度。透光度是鉴别白瓷茶器质量的一个重要条件。好的白瓷茶器将其放在灯光下，如白玉般晶莹剔透；而不好的白瓷茶器色泽暗淡，透光性差。其三听声音。鉴别白瓷茶器质量的时候，还可以用手指敲击茶器，如果发出的声音清脆悦耳，那么说明这是好的白瓷茶器；反之，如果声音是沉闷的、浑浊的，而且还有杂音，那么说明这件白瓷茶器的质量不好，或者是假的白瓷茶器。其四凭手感。也可以通过触摸白瓷茶器，凭借手感来判断它的质量，好的白瓷茶器在触摸时，光滑细腻、手感温和。而质量不好的白瓷茶器在触摸时，会发现不规则不平等之处，手感比较粗糙。

第二，青瓷茶器的特点及质量鉴别。

青瓷茶器胎白且薄，这样的特点容易观察茶汤，而且散热较快。不过青瓷茶器也有缺点，在水温过高或者冷热交替时，非常容易损坏。因此点茶师在使用青瓷茶器的时候，一定要用温水先温杯。另外，青瓷茶器因色泽翠绿，更适合与绿茶类茶饮搭配使用，不适合黄茶、白茶、黑茶、红茶等，会使这些茶的茶汤失去本来的面目。

对青瓷茶器进行质量判断的时候，可以从四个方面进行。其一看发色。青瓷一般使用铁发色，不上彩，色彩较为柔和淡雅，最好的颜色是宋徽宗所说的“雨过天晴云破出”的天青色。如果青瓷的颜色比较艳且绿，则很有可能是后期上彩，极有可能是假的青瓷。点茶师可以要求查看青瓷的铅镉检测报告，一般假的青瓷茶器，都会加入不少镉，如果镉含量超标，则证明这不是好的青瓷，或者是假的青瓷。其二看器形。好的青瓷一般由人工制型，器型自然、规整流畅，显得美观大气。而不好的青瓷则看上去呆板生硬，线条也不流畅。其三看光泽。点茶师在判断青瓷质量的时候，还应该查看青瓷的光泽，一般好的青瓷有光泽，光透度强、手感细腻。而不好的或者假的青瓷暗淡无光，手感粗糙有瑕疵，光透度很差。其四看胎釉。好的青瓷在烧制的时候一般使用传统配方，不加入化学配方，因此烧制好的青瓷胎壁厚重，釉色光滑自然。

第三，黑瓷茶器的特点及质量鉴别。

黑瓷茶器是点茶的主要茶器，由于其色黑，更有利于凸显茶汤的白。其中以建盏最为突出，黑瓷茶器的最大特点是釉层比较厚，釉的颜色也多种多样，有蓝黑、酱黑、灰黑等，釉面的纹理变化多样，是黑瓷最大的特点，常见的釉面纹理有形如兔毫条纹的兔毫、类似油滴斑点的油滴、好像鹧鸪斑点的鹧鸪斑、看似日曜斑纹的曜变等。这些纹理与茶汤相互作用，能放射出点点光辉，为茶人点茶增添了极大的乐趣。

点茶师在鉴别黑瓷茶器时，可以从两个方面入手。

其一看釉层，釉层自然、釉面平滑者为佳。好的黑瓷茶器釉层比较厚，釉色自然，且触摸上去釉面较为平滑，一般釉面上不会有异物和瑕疵。并且釉色自然，如果一些釉色的颜色过于做作，釉面纹理不自然的，多为不好的黑瓷茶器。其二看出水，将水装进黑瓷茶器中，倒出来的时候，好的黑瓷茶器不挂水，倒水自然。而不好的黑瓷茶器容易与水粘连，不容易出水。

第四，彩瓷茶器的特点及质量鉴别。

彩瓷茶器的种类很多，其中以青花瓷最为出名。青花瓷是运用天然钴料作为色料在瓷胎上绘画，再经过烧制，形成了青花图案。一般来说，青花瓷的图案明亮素雅，古朴自然。除了青花瓷，彩瓷茶器还有釉下彩、釉上彩、釉中彩、新彩、粉彩、珐琅彩等多种釉彩，种类多样，花色繁多。这种茶器在日常生活中运用最多，有易清洗、不留异味等优点。但也有易碎、保温效果差等缺点。

在鉴别彩瓷茶器时，点茶师要注意从三方面鉴别。其一看铅镉含量。铅镉含量是判断彩瓷茶器质量最简单、最直观的一种方式。国家规定，将陶瓷茶具置于 4% 的醋酸中浸泡时，铅的溶出量不得大于 7 毫克 / 升，镉的溶出量不得大于 0.5 毫克 / 升。一般来说，正规厂家生产的茶器都能满足这个要求，当有必要时，点茶师也可以将茶器送至专业机构进行检测。其二看茶器的成色。主要看茶器的釉面上色是否自然，表面是否整齐，内壁是否光洁。彩瓷茶器外壁的花纹较多，通过查看这些花纹就能基本判断这件茶器的成色，好的茶器纹路流畅、自然，颜色鲜亮大方。彩瓷茶器还要看花纹的色度是不是一致。其三看茶器有无异味。点茶师可以打开茶器，用鼻子嗅一嗅有无异味，一般无异味的为佳。此外还可以用沸水将茶器煮五分钟，看是否出现异味，再将煮后的水进行检测，看是否溶有有毒、有害物质。

（三）瓷器茶器的保养方法

瓷器茶器的材质虽然各有不同，但保养方法大同小异。点茶师要学会保养瓷器茶器的方法。总体来说，需要从以下四个方面入手。

第一，新购买的瓷器茶器，可以先用食醋浸泡一段时间，以溶出茶器中所含的有害物质。再将浸泡后的茶器放入锅中煮，小火煮开，时间可以保持在30分钟左右。煮的时候，火不要太猛，可以适当加入一些茶叶同煮。将茶器用热水煮后，用清水清洗干净，最后用软毛巾擦拭干净，放入通风处阴干。

第二，每次使用完瓷器茶器后，都应该将茶器中的茶叶、茶渣、茶汤等及时倒掉，再用清水或带洗涤剂的水清洗干净，防止茶垢堆积。茶器清洗后，要用软毛巾擦拭干净，避免用坚硬的毛刷或粗糙的毛巾擦洗，以免在茶器上留下刮痕。

第三，冬季在清洗瓷器茶器尤其是薄壁的茶器时，一定要控制好水温，以防冷热交替造成茶器破裂。

第四，瓷器茶器尤其是彩瓷茶器要注意避免阳光直射或油烟侵蚀，也不要经常触摸、擦拭，以免对釉面造成伤害，破坏釉面。当彩瓷茶器出现泛铅现象时，可以用棉签蘸上白醋擦洗，再用清水洗净。

四、陶器茶器的款式、质量鉴别及保养方法

陶器茶器在茶器中也是非常重要的组成部分，陶器茶器指的是用陶土烧制而成的茶器。根据用途的不同，可以分为茶杯、茶壶、茶碗、茶盏、茶碟、茶盘等。在陶器茶器中，最广为人知的茶器是紫砂茶器。接下来，我们将以紫砂茶器为例介绍其款式、质量鉴别和保养办法。

有学者推论，紫砂茶器的出现可追溯到北宋之初，而根据确切的文字记载则始于明代正德年间（有明确文字记载的紫砂茶器见于明代正德年间，故而也有兴起于明代正德年间一说），盛行于明清两代，原产地为江苏宜兴丁蜀镇，制作原料为紫砂泥。与别的陶器茶器不同，紫砂茶器的内部和外部都不敷釉，而是直接使用独特的陶土，即紫砂泥。紫砂茶器的主要款式有紫砂壶和紫砂茶杯，其中有以紫砂壶最为名贵。

（一）紫砂壶器型

紫砂壶的主要构成包括七个部位，分别是壶钮、壶盖、壶把、壶嘴、壶体、壶底、气孔。这七个部位的表现形式又多种多样，使得组合而成的紫砂壶更加丰富多彩。

第一，壶钮。

壶钮是壶盖上面的小钮子，是为了方便揭取壶盖而设计的，也有人把它称为“的

子”。壶钮看似微不足道，却在紫砂壶的设计中起到“画龙点睛”的作用，为紫砂壶的整体形态奠定了基调。壶钮不仅实用，而且美观，一个壶钮的设计，通常体现了制壶人的匠心。常见壶钮有球形钮、瓜柄形钮、桥形钮、动物肖形钮、树桩形钮、花式钮等。

第二，壶盖。

人们对紫砂壶的壶盖要求很高，在烧制完成后，要求和壶身配合，必须达到“直、紧、通、转”的要求。“直”指的是壶盖的子口，要做得很直，这样在倒水或倒茶的时候，壶盖不会脱落。“紧”指的是壶盖和壶身要做到严丝合缝，同时要盖启自如，既不能有缝隙，也能因为太紧而不好开合。“通”针对的是圆形的口和盖，其圆必须极其规整，盖合之后仍可以旋转自如。“转”指的是方形（包含六边形和八边形）以及筋纹的口盖，可以随意盖合，纹形不得有差。紫砂壶常见的壶盖主要有三种形式，即压盖、嵌盖、截盖三种。

第三，壶把。

壶把的作用是为了便于紫砂壶的握持，源于古青铜器爵杯的弧形把。壶把置于壶肩至壶腹下端，与壶嘴位置对称、均势。紫砂壶的壶把种类很多，按照位置的不用，大致可以分为端把、横把、提梁这三大类。

端把是最常见的一种茶壶把式，位于壶身一侧，有点类似于人的耳朵，因此端把也被称为“耳把”，端把包括正耳式端把、倒把、垂耳、飞把等。横把的壶把一般与壶体呈 90 度，类似于砂锅的柄，像安装在壶体上的柄，一般横把与圆筒形的壶体相配。提梁是从其他器形中演变而来的样式，提梁的大小和形制需要与壶体相协调，其高度以手提时不碰到壶钮为宜，提梁的样式丰富，有花提梁、素提梁，硬提梁、软提梁等之分。

第四，壶嘴。

壶嘴是紫砂壶的重要组成部分，被喻为壶的五官之一，壶嘴与壶体连接时，如果有明显的界线，则称其为“明接”；如果没有明显的界线，则称其为“暗接”。人们对于紫砂壶的要求很高，要求它“出水通畅而不涎水，注水七寸而不泛花，直泻杯底而无声响”。这就要求紫砂壶的壶嘴在制作时一定要非常考究，比如，壶嘴的粗细、长短、安装位置等要恰当，符合力学原理。壶嘴的内壁要光滑，出水时要流畅，不能堵塞，收水时可以及时收住。壶嘴可以分为一弯嘴、二弯嘴、三弯嘴、直嘴和流形的鸭嘴等。

第五，壶体。

壶体指紫砂壶的主体结构，用来连接壶把、壶嘴等部位，是紫砂壶器型中，最显眼的部分，壶体的形状和紫砂壶的样式有很大的关系，根据壶体的不同，可以将紫砂壶分为斗方壶、钟壶、松段壶、梅段壶、鼎式壶、四方壶、洋桶壶、梨形壶等。

第六，壶底。

壶底是紫砂壶的一个重要组成部分，与壶身的粘接方式可以分为明接、暗接两种。壶底除了实用功能外，其处理方式可以直接影响紫砂壶的造型和美观。根据形制的不同，壶底大致可以分为一捺底、加底、钉足这三种。

第七，气孔。

气孔是紫砂壶的必要构造，一般气孔都在壶盖上，正是因为有气孔的存在，紫砂壶才能自如地倒出水来。此外，如果想试验紫砂壶的密闭性，只要将紫砂壶装满水，盖上壶盖，再用手按住气孔倒水，如果密闭性足够好，那么按住气孔的紫砂壶就倒不出水来。

（二）紫砂壶的质量鉴别

高级点茶师要学会鉴别紫砂壶的质量，在鉴别紫砂壶质量的时候，可以依据“一看、二摸、三听、四试水、五器型、六重量”的方式来判断紫砂壶的质量。

一看，首先要看紫砂壶的外观和内壁，如果紫砂壶的颜色特别鲜艳或者奇异，那么有可能不是真的紫砂壶。真的紫砂壶颜色淡雅古朴，且纹理清新，由于不上釉，视觉上给人一种亚光的感觉，并且分布着众多细小的有金属光泽的颗粒。还可以查看紫砂壶附带的证书，真的紫砂壶都是手工制作的，并且附带制作者的手写证书。证书一般用毛笔在宣纸上书写。在紫砂壶的制作过程中，有很多程序都需要体现书法和绘画的技艺，所以紫砂壶的制作者书法都很俊秀。此外还要看证书上的印章落款是否和紫砂壶底的落款相一致。

二摸，指用手触摸紫砂壶的外壁，一般来说真的紫砂壶摸上去手感非常细腻，而且不打滑。而假的紫砂壶多使用品质不好的陶土仿制，手感非常粗糙。用瓷器冒充的紫砂壶，手感会打滑。此外，还要注意外壁和内壁上是否处理干净，如果留有细小的泥点或泥块，则表示这不是一把好的紫砂壶。

三听，指转动紫砂壶的壶盖，听壶盖与壶口摩擦发出的声音。好的紫砂壶壶盖与壶体摩擦的声音是悦耳的“丝丝”或“沙沙”声，而假的紫砂壶壶盖与壶体摩擦的声音是沉闷的“哧啦哧啦”的声音。有时，还可以用壶盖敲击壶体，但要注意控制力度，以免太大力而损坏紫砂壶。壶盖敲击壶体时，真的紫砂壶声音清脆悦耳且短暂，当停止敲击时，声音可以立刻收住。如果是假的紫砂壶，用普通陶土制作的，敲击时声音沉闷且浑厚短暂，瓷器仿冒的紫砂壶，敲击时虽然声音也是清脆的，但是敲击结束后，声音不能立刻收住，还会持续数秒。

四试水，即将水淋到紫砂壶上，真的紫砂壶表面不会形成明显的水珠，停留在表面的水是很均匀的一片，不久后就能被吸收。

五器型，器型指看紫砂壶的整体造型和线条，好的紫砂壶都是大师手工制作，非常在意细节和比例，要看壶盖、壶嘴、壶体等部分的线条和比例。在鉴别时可以查看人们注意不到的细节，比如，可以翻开壶盖看里面的细节处理。

六重量，好的紫砂壶拿在手里一般都很有分量感（薄胎的除外），一般一把紫砂壶会用掉半斤紫砂泥，拿在手里很有分量。

（三）紫砂壶的保养方法

紫砂壶的保养方法很复杂，又分为第一次使用的开壶法和日常使用中的保养方法。高级点茶师要掌握紫砂壶基本的开壶方法和基本的日常保养办法。

我们首先来说一说紫砂壶的开壶法。开壶指的是新入手一把紫砂壶后，第一次使用紫砂壶的方法。紫砂壶的开壶方法很讲究，接下来主要介绍水煮法、简易法这两种。

水煮法的开壶方法又分为热身、降火、滋润、定味重生这四个步骤。

第一，热身。在热身前，要先将紫砂壶中遗留的金沙、沙粉、灰尘等其他污渍清理干净。可以用软毛巾沾上清水轻轻地擦拭，擦拭干净后，将紫砂壶放置一边自然风干。接着准备一口干净没有油渍的锅，放入清水，将紫砂壶放入水中能没过大概一寸左右。再将风干的紫砂壶放入清水中，烧火煮壶，水沸后煮 5~10 分钟左右再关火。用热水煮紫砂壶的时候，不要盖锅盖。将壶放入清水中煮沸这一过程就是热身。

第二，降火。将紫砂壶从水中捞出，待其自然冷却后，在壶体中填装豆腐，豆腐最好选择吸附性强的北豆腐（老豆腐）。在填装豆腐的时候，要适当地将其压紧，以免水煮沸后，豆腐跑出壶体。接下来将紫砂壶放入清水中，同第一步一样，清水也要没过紫砂壶大约一寸，盛水的锅要清洁干净，不可以有异味和油渍等。再将水加热至沸腾，5~10 分钟后，当室内充满豆腐的香气时便可关火冷却。用豆腐煮壶的目的是去除紫砂壶中的火气，这一步也被称为降火。

第三，滋润。将紫砂壶从水中捞出，去除壶体中的豆腐，冷却后用清水将其清洗干净。再在锅中备好清水，同时将与壶等宽的甘蔗头放入锅中，再将紫砂壶放入锅中，烧水煮沸。待 5~10 分钟后，当室内弥漫着甘蔗的香气时便可关火冷却。这一步是用甘蔗的汁液滋润紫砂壶，故而又称滋润。

第四，定味重生。将煮好的紫砂壶捞出，放置一旁自然冷却。将锅洗净后，加入清水和茶叶，再将壶放置其中一起煮沸。待 5~10 分钟后，当空气中充满了茶叶的香气时再将壶捞出，用锅中煮开的茶叶擦拭茶壶数分钟，最后用清水将紫砂壶清洗干净。这一步的目的是定味，即确定茶叶的种类，一般来说，一把紫砂壶只泡一种茶叶，在进行这一步的时候，要确定好用这把紫砂壶泡哪种茶叶。这一步完成后，紫砂壶开壶就完成了，可以正常使用了，因此这一步也被称为定味重生。

简易法的开壶方法步骤相对简单，首先是用软毛巾将紫砂壶表面的污渍和灰尘擦拭干净。再将其放入盛满清水的锅中，用中小火将水煮沸。待水沸腾 5 分钟左右加入茶叶，以后准备用这把壶泡什么茶就放什么类型的茶叶。放入茶叶后，等待 10 分钟左右便可熄火。熄火后 5 分钟左右再开中小火将茶水煮沸，待茶水沸腾 15 分钟后熄火。熄火后等 10 分钟左右再次开中小火将茶水煮沸，待茶水煮沸 15 分钟后再次熄火。此次熄火后，不再煮沸茶水，而是将紫砂壶在茶水中浸泡冷却，待 3~5 个小时后，取出紫砂壶用清水冲洗干净，再阴干便可正常使用了。

接下来，我们说一说紫砂壶的日常保养。在日常使用紫砂壶时，点茶师需要注意四个方面。

第一，忌油烟。紫砂壶要避免碰触油烟，油烟会覆盖紫砂壶的气孔，从而影响紫砂壶的通透性。另外，油烟还会使紫砂壶沾染上异味，非常影响茶汤的口感。因此，在平时使用和收纳紫砂壶的时候，要注意将其放置在没有油烟的地方。

第二，忌异味。紫砂壶非常容易吸收别的物品的味道，将它和茶叶放置在一起，它就会吸收茶叶的味道，而将它和别的东西放置在一起，它就会吸收那件物品的味道。因此，在使用和收纳紫砂壶的时候，要注意远离味道很大或有异味的物品。最好在紫砂壶的周围只放置要用它泡的那一类茶叶，以防串味。

第三，勤润泽。每次使用紫砂壶前，都应该用开水冲淋一遍壶内外，以便有效地润泽壶体。如果紫砂壶长时间不使用，也应该定期拿出来用茶水和开水润泽一遍。

第四，勤清洁。每次用紫砂壶泡完茶后，都应该用清水清洗干净。日常也要定期用软毛巾擦拭紫砂壶上的灰尘。记住千万不要用质地粗糙的毛巾或带有异味的毛巾擦拭紫砂壶，以免损伤壶体并在壶体上留下异味。此外，最好每隔两个月左右就用沸水煮泡紫砂壶来进行清洗，以便让紫砂壶的气孔打开，排出里面的微小物质。

第八章 高级点茶师的点茶服务

第一节 点茶席设计

高级点茶师要能掌握点茶席的设计，需要掌握下面的内容：

点茶席基本原理知识；
点茶席器物配置基本知识。

同时还能根据不同的题材进行设计：

能根据不同题材，设计不同主题的点茶席；
能根据不同主题设计点茶席。

一、点茶席设计的基本原则

简单来说，点茶席的设计就是将“器”“茶”“水”等元素进行合理配置和摆放，让它们完美地呈现在同一个“境”中，从而向人们表达一种审美或者态度。高级点茶师在设计茶席时，要遵循七项基本原则。

第一，统一性原则。

点茶师在构思如何设计点茶席的时候，需要考虑的因素有很多，比如，茶席安排在什么时间，地点在哪里，会有多少顾客前来参加，人们来参加的目的是什么，是设置成座席还是站席，选择哪种点茶粉或茶汤，配置哪种茶器，插花、铺垫、背景、音乐、茶挂等应该怎样放置，是否配备茶点等。

一个点茶席涉及的因素如此之多，为了使点茶席能够更好地呈现，点茶师在设计点茶席时一定要将统一性铭记于心。只有将统一性作为大前提，才能协调好这些因素，才能在这些不确定的因素中提炼出确定的主题。

第二，协调性原则。

如果说统一性原则是点茶席设计的基础，那么协调性原则就是点茶席设计的进一步要求。点茶师在设计点茶席的时候，一定不能陷入单纯的统一化和平均化的误区中，而要在统一的基础上寻求协调。也就是说，要兼顾茶席中不同元素的协调与均衡，使各要素之间做到完美匹配。

因此，点茶师更应该思考主题的含义，要及时确定点茶席的主题，再根据主题协调各要素，使之达到均衡。主题要能够密切维系所有的要素，大到周边环境的选择，小到茶杯杯垫的选择，都可以囊括在主题之中。

第三，创造性原则。

点茶师在设计点茶席的时候，还要注重创造性，不要墨守成规，一味地临摹他人设计的茶席，而没有自己的灵魂。在确定主题后，点茶师可以根据确定的主题，发挥创造进行设计，将不变的器物与变的灵感结合，设计出富有创造性的点茶席。

创造性的魅力在于，即使是同一场所、同一主题，同一器物，每位点茶师也能根据自己的理解创造出不同的茶席。

第四，“一二三”法则。

所谓的“一二三”法则就是“一个中心”“两个边界”“三条直线”。

一个中心是指在点茶席上要确定一个中心，这个中心就是点茶的茶盏，要将茶盏放置在整个茶席的中间部分。而点茶师正对的中心便是整个点茶席的中心所在，可以将茶盏放置在这个位置上。

两个边界是根据点茶师的点茶空间而定。天道、人道、地道形成点茶的空间边界，以左右距离最大的两点为边界点，通过边界点画出与茶席宽平行的两条线，这两条线就是边界线。以非遗宋代点茶青白三品点茶席为例，在没有摆放宋代四雅与传承说明时，左右距离最大的两点是人道左手的汤瓶和右手的水盂所在的点。摆放上宋代四雅与传承说明后，左右距离最大的两点是天道左手的“艺”与右手的传承书所在的点。

三条直线是指天道、人道、地道，每条线与茶席的长平行，各条线摆放相应的器物。需要特别注意，在进行点茶席设计时，天道可以有多重“天”，比如天道中离人最近的平行线摆放茶合、茶匙（带架）、茶筅等，次近平行线摆放花、香、传承说明等，根据主题需要，还可往外延伸摆放器物。

第五，大小关照原则。

在具体设计点茶席的时候，应该采取大小关注原则。大小关照原则，顾名思义，指的是点茶席上大的茶器具和小的茶器具要相互关照，错落有致。在中国古代传统茶席上，历来采取“炉不上席”的做法。其实，炙茶、碎茶、碾茶、磨茶、罗茶等茶器具，是不放在点茶席上的，根据茶会或活动需要，可以放置在点茶席附近的空间，也是点茶空间的一部分，其具体展现、使用方式，不在此处详述。这些较大或容易使点茶粉散落或漂浮的器物，不在点茶席中出现，所以设计点茶席时，点茶师要重点考虑其他器物的摆放。在点茶席中，花器、汤瓶等都属于大件器物，茶筅、茶匙等属于小件器物。因此，点茶师在设计点茶席时，可以用抑大扬小、大的对角点也同样放置相对大的器物等做法，平衡点茶席中的大小器物，使得点茶席中大小的结构比例和谐统一。

第六，高低关照原则。

除了要注意点茶席上物品的大小比例，还要注意点茶席上物品的高低比例，即点茶师在设计点茶席的时候，还要遵循高低关照原则。这一原则的要点是“高不遮后，前不挡中”，即在摆放器物的时候，要考虑到顾客的视线，不要将高的器物放置在前面，以免遮挡了后面和中间较矮的器物。点茶师最好将这些高低不一的器物安置在一个合理的位置上，从而使整个点茶席看上去错落有致，落落大方。

第七，远近关照原则。

远近关照原则是相对参照物而言，一般这个参照物指的是主要的点茶用器——茶盏。因此，放置在点茶席上的物品，要参考茶盏的位置，以保持点茶席的构图和谐统一为目标，把握好远近的距离，使总体协调有致。

二、点茶席的题材选择与主题设计

茶席是茶的前提，只有确定好了点茶席，才能让点茶更具特色。以物、事、人等为题材的茶席，一般是采用具象的语言（如物品的选择、摆放等）和抽象的语言（茶席整体给人的感觉等）两种方式来表现。

点茶师在选择点茶席的主题时，可以从很多方面取材，既可以取自然的风光，也可以取当下的心情，甚至可以以地域、历史人物等为题材。点茶师在设计茶空间时要学会举一反三，以便能够更加自如地设计点茶席。

第一，以自然风光为题材。

茶来源于自然，茶的本性至纯至简，许多茶人呼吁点茶时也要回归自然，这也得到了很多人的认同。那么，如何回归自然呢？除了茶人在心态上要做到去繁就简、融入自然外，点茶席的设计也要做出改变。点茶师可以通过设计一些以“自然风光”为主题的茶席，带着人们在点茶中回归自然。

以自然风光为题材的主题有很多，点茶师可以根据随处可见的自然风光设计茶席主题。比如，春回大地，新竹破土而出，点茶师可以设计以竹子为主题的点茶席，邀请顾客前来品茗。又如，茶室所在的小院儿有一墙的蔷薇花，蔷薇花开，粉白相间，阵阵花香拂面而来，过往的茶客都被这蔷薇吸引，驻足观赏，这时，点茶师不妨设计一个以蔷薇为主题的茶席，邀请茶客前来品茗。此外，春夏秋冬一年四季中有无数美好的自然风光和自然景致，都可以作为点茶师设计茶席，邀请茶客品茗的理由。只要点茶师精心设计，一定能得到顾客的认可。

主题示例：

1. 莲花

茶席主题：莲花。

所用器物：汤瓶、茶盏、茶匙（带架）、茶筅、茶合、莲花水盂、莲花杯、荷叶、花瓣、莲蓬等。

主题阐述：茶道讲究“茶禅一味”，莲花经常被用来制作点茶器，设计茶席。夏日时节，莲花盛开，正好可以以莲花为主题布置茶席，表达“尘心洗尽兴难尽，世事之浊我可清”的境界。点茶师带领顾客在莲花的清香以及茶的幽香中，回归自然，体验简单而美好的意境。

布局结构说明：在基本的茶席布置基础上，选用青瓷材质的汤瓶和粉色的彩瓷茶合。采摘新鲜的荷叶作为“纸囊”，将制作点茶粉的仿宋团茶放置在茶荷上，供顾客观赏评鉴，必要时，向顾客介绍仿宋团茶制作点茶粉的过程，增进顾客对点茶文化的了解。将莲花杯放置在一旁，作为饮茶的茶器，再在一旁放置莲蓬一个，有圣洁清净之意。莲花的花瓣可以作为铺垫放置在点茶器皿下，营造一种自然、幽香的氛围。

2. 竹子

茶席主题：竹韵。

所用器物：汤瓶、茶盏、茶匙（带架）、茶筅、竹制茶合、大竹筒、竹叶、竹枝、竹席等

主题阐述：竹子历来为文人所歌颂，在文人的语境中，竹子象征着淡泊、虚心、正直等。苏轼就曾说：“宁可食无肉，不可居无竹。”可见竹子在文人心中的地位。郑燮在《竹石》中这样赞叹竹子：“咬定青山不放松，立根原在破岩中。千磨万击还坚劲，任尔东西南北风。”竹与茶，都是山中的清净之物，将竹与茶相结合，竹造幽香，茶添清香，两者相互衬托，相互成就。

布局结构说明：在基本茶席布置的基础上，选用竹帘作为铺垫，再在室内悬挂一副竹子的绘画作为茶挂，背景播放古琴曲《高山流水》。茶匙选择竹制的，用竹制茶合，竹筒做水盂，再用竹枝和竹叶制作插花，使整个空间的竹元素无处不在。另外，如果条件允许，也可以将茶席移至有竹林的小院中，让人们在竹下品茗谈笑，好不快哉。

3. 雪天

茶席主题：雪天温茶。

所用器物：汤瓶、茶盏、茶匙（带架）、茶筅、茶合、枯木水盂、红泥小茶炉等。

主题阐述：白居易曾作《问刘十九》：“绿蚁新醅酒，红泥小火炉。晚来天欲

雪，能饮一杯无？”这首诗营造出了雪天留客饮酒的氛围。其实，将诗中的酒换成茶，就是很好的“雪天温茶”的茶席主题。这样的茶席主题最好选在黄昏时刻，设置茶席，配以果腹的茶点小吃，让雪天的冷与茶汤的暖，落雪的白与火炉的红形成照应，让顾客在品茗中与二三好友畅聊，再佐以精致的茶点，一下子就温暖了顾客的心。

布局结构说明：将茶炉放置在茶席左手一侧，收集落雪，放置在茶炉中煮水，作为点茶用水。茶炉是此次茶席的关键，可以适当突出它的位置，让顾客能够注意到它。点茶师可以再放置一个收集落雪的茶盘，将落雪煮水的过程完整地向顾客展示出来。茶席中间，除了基本的配置以外，配一些色彩淡雅精致的茶点作为陪衬，如玫瑰酥糖、椒盐桃片等。铺垫可以选择素雅的花纹。

4. 蔷薇

茶席主题：蔷薇之恋。

所用器物：汤瓶、茶盏、茶匙（带架）、茶筅、茶合、水盂、蔷薇花等。

主题阐述：五月，繁花似锦，其中最热闹、最显眼的要数蔷薇了，“蔷薇繁艳满城阴，烂漫开红次第深”。这满墙的蔷薇，再配上茶席，才不会辜负自然美景的明艳动人。茶席可以选择在清晨开始，熹微的晨光，徐徐的微风，吹动一院的蔷薇。将茶席直接设置在蔷薇花下，来人既可赏花，也可品茶。

布局结构说明：选择点茶器时，可以选择色彩明快一些的彩瓷茶器，摘下几朵蔷薇花放置在水盂中作为装饰，提前一天准备好用蔷薇花制成的精致小食。如果茶席摆在室内，可以选择临近蔷薇花的房间，打开窗户，让这美丽的景色进入人们的视野中。可以选择带有蔷薇花纹的铺垫。

第二，以茶品为题材。

茶品是吸引爱茶之人来到一方茶席的根本目的，茶人来到茶席，主要的目的就是为了品茗休闲。因此，可以直接以茶品为题材布置茶席，这也是一种比较常见的茶席题材。

前来茶室的人都是爱茶之人，希望可以喝到一杯好茶，那么就可以以茶为主题，设计茶席。以茶品为题材的时候，可以围绕着茶品的特征表现设计主题。比如，围绕着云南的普洱茶设计茶席时，可以将“滇上风情”或“云之遥”作为主题，按照云南特色设计茶席。也可以围绕着茶的特性设计主题，比如获得了新的明前绿茶，可以以“新茶”为主题，围绕清明时节杏花微雨的自然景观设置茶席。再比如，使用的是“武夷肉桂”这种茶，就可以用奇石、假山来展现武夷山的独特地貌，按照这种思路来布置茶席。还可以围绕茶的特色来设计主题，比如，红茶性温，可以以此设计一些较为温暖的主题，如“团圆”等。总之，可以将茶品的某个特性延展出去，设计相关应景的主题，从而得到顾客的喜爱。

主题示例：

1. 普洱茶

茶席主题：云之遥。

所用器物：汤瓶、茶盏、茶匙（带架）、茶筅、茶合、水盂、茶荷、鲜花饼等。

主题阐述：普洱多产自云南，因此，在茶席上，普洱茶的出现，往往代表着浓郁的地方特色。在茶席上，可以以云南的地域特色为主题来设置茶席。在实际点茶时，可以采用茶汤点茶法，在为顾客展示点茶技艺的同时，还能为顾客带来遥远的云南的味道。在茶席上，可以放置一些云南元素的物品，增加茶席的地域特色，如将来自云南的鲜花饼作为茶点，或将带有云南特色印花的布料作为铺垫等。

布局结构说明：寻找一块带有云南特色的印花铺垫铺设在茶席上。将普洱茶放置在茶荷上供大家赏玩品味。茶器可以选用色彩明艳的彩瓷。可以选择棉花作为插花以呼应“云”的洁白。在茶桌一侧放置鲜花饼作为茶点。此外，还可以采摘一些鲜花放置在空间内，背景音乐可以选择带有民族特色的乐器演奏曲。

2. 明前绿茶

茶席主题：新芽·新茶。

所用器物：汤瓶、茶盏、茶匙（带架）、茶筅、茶合、水盂、鲜茶叶等。

主题阐述：清明节前，细雨微斜，新鲜的茶叶露出头来，此时炒制的明前绿茶堪称绿茶中的精品。清明节前，在新鲜绿茶刚上市之际设置一个关于新茶的茶席，一定能吸引喜爱茶的顾客的目光。在设计这个茶席时，除了最新鲜的明前绿茶，还可以把与清明节令有关的食物和物品摆上茶桌，供顾客赏玩和品味。“新芽·新茶”的主题，点明这是一场关于新茶的盛宴，同时表明这也是关于希望和未来的一场聚会。如果增加斗茶环节，会非常应景。

布局结构说明：茶席在整体上可以将淡雅的绿色和充满生机的黄绿色作为主基调，可以选择颜色与之相配的铺垫、插花等，再选择青瓷或者白瓷的茶器凸显绿茶的鲜爽。在茶席上，可以摆放一两盘青团作为茶点，增添清明的节令气氛。再用新鲜的茶叶嫩芽点缀茶食和茶桌，突出“新芽”和“新茶”的主题。这样的一张茶席，最好设置在烟雨蒙蒙的午后，让天气为茶席增添氛围感。

3. 仿宋团茶

茶席主题：“致清导和”仿宋茶席。

所用器物：汤瓶、茶盏、茶匙（带架）、茶筅、茶合、滓方、茶臼、茶碾、茶磨、茶罗、茶炉等。

主题阐述：仿宋团茶的获得非常不易，当新得了一个仿宋团茶时，最要紧的事就是设计一个“致清导和”的仿宋茶席。这时，点茶师可以穿上仿宋汉服，画上仿宋面妆，运用仿宋礼仪，从碎茶、碾茶、磨茶、罗茶等开始制作点茶粉，用七汤点茶法击拂茶汤，力求完整地为大家呈现宋人点茶的情景。必要时，还可以安排斗茶、茶百戏等环节，让大家从中获得乐趣和知识。

布局结构说明：按照宋人追求的“四雅”来布置茶室和茶席。在茶室中设置插花、熏香、茶挂等，使用仿宋的建盏和汤瓶作为点茶的主要器具。在茶席上放置茶臼、茶碾、茶磨、茶罗等，一步一步展示将团茶变成点茶粉的过程，再用七汤点茶法击拂茶汤，这样就可以得到一碗完美的茶汤。铺垫可以用宋代书法或画作的复制品，背景音乐可以选择古琴曲。

4. 正山小种红茶

茶席主题：冬日暖阳。

所用器物：汤瓶、茶盏、茶匙（带架）、茶筅、茶合、水盂。

主题阐述：正山小种红茶的色泽乌黑，条索肥壮，茶汤红，香味浓且带有桂圆味，有驱寒、养胃、护胃的功效。在冬日为顾客奉上这样一杯茶汤，既温暖了顾客的胃，也温暖了顾客的心。可以选择一个冬日有暖阳的午后，让阳光射入房间，将茶席摆放在窗户边，一边享受阳光，一边品茶闲聊，这样也颇有一番滋味。

布局结构说明：选用白瓷材质的茶杯搭配红茶，让茶汤的红与瓷器的白形成强烈的对比，让红与白在冬日的午后大放异彩。可以选择米色的铺垫加暗红色的点茶器的搭配，给人温暖鲜艳的感觉，暗红色又能与红茶相呼应。另外，还可以在茶桌上搭配几粒白色的小石头增加趣味。用茶汤点茶法，为顾客送上一盏暖暖的茶。

第三，以情感为题材。

白居易在《食后》一诗中写道：“食罢一觉睡，起来两瓯茶。举头看日影，已复西南斜。乐人惜日促，忧人厌年赊。无忧无乐者，长短任生涯。”在这首诗中，白居易充分展现了他在品茶中体悟到的情感与处世哲学。

在茶席中，人们可以纾解的情感太多了。因此，点茶师还可以将情感作为题材来为茶席设计主题。比如，可以设计以“友谊”为主题的茶席，如果到访的顾客以中年茶客为主，可以设计一些他们小时候或年轻时候共同经历的物件，让这些物件唤醒他们过往的友谊。可以设计以“离别”为主题的茶席，为即将分别的顾客践行。还可以以“思念”为主题设计茶席，表达离家之人对故乡的思念等。

主题示例：

1. 相聚

茶席主题：相聚。

所用器物：汤瓶、茶盏、茶匙（带架）、茶筅、茶合、水盂、熏香等。

主题阐述：一群久未见面的老友要在茶室中相聚，因此要安排这样一个茶席。相聚是缘，老友久未会面，现在聚在一起一定有很多话要说，可以为他们选择相对安静一些的空间，色调应该以温馨为主。茶席还可以安排体验环节，增加点茶的乐趣以及友人品饮的兴致。茶席中的茶点可以以这些顾客有共同回忆的食物为主，如绿豆糕等，这样，老友在看到这样的食物后可以展开很多话题。

布局结构说明：可以选择一张较为宽大的茶桌，多放置一些茶椅，尽量让茶椅挨得近一些。在茶席后方多配备几套点茶用具，以便在点茶师点茶结束后，可以安排顾客一起感受点茶的乐趣。背景音乐可以选择一些温馨的音乐。在点茶前先点燃熏香，以便营造一个温馨的空间。

2. 思念

茶席主题：思念。

所用器物：汤瓶、茶盏、茶匙（带架）、茶筅、茶合、落叶水盂、银杏叶、银杏果等。

主题阐述：秋天到了，街上到处都是金黄的银杏叶随风飘扬，让人想起故乡的银杏树，这时候也是一树的金黄了吧。趁着这时，邀请三两同乡好友，设计一个关于“思念”的茶席。让大家在幽幽茶香和袅袅焚香中，思念故乡、遇见故乡。

布局结构说明：以米黄色的铺垫打底，在茶桌上放置一些银杏叶，在水盂中漂浮一两片银杏叶，将银杏果作为茶点。器具可以选择黑瓷茶器，如同故乡喝茶的那口大碗。背景可选择袅袅的炊烟。背景音乐可选择思念的缠绵之曲。

3. 爱情

茶席主题：茶之恋。

所用器物：汤瓶、茶盏、茶匙（带架）、茶筅、茶合、水盂、红烛、成双成对的茶宠。

主题阐述：爱情是人生中非常美好的体验，有人因书结缘，有人因信结缘，也有人因茶结缘。可以邀请因茶结缘的情侣，为他们布置一个以“茶之恋”为主题的茶席，让他们在品味茶饮的同时，也可以回味因茶结缘的美好爱情。

布局结构说明：茶席在布置的时候可以选择淡粉色的布料作为铺垫，在茶席上摆上鸳鸯作为茶宠，水盂里漂浮着忽明忽暗的红烛，茶点尽量选择甜味的。点茶师在点茶的时候，可以创造性地将两种点茶粉或茶汤混合起来点茶，从而创造出一种新的味道，用茶与茶的相遇和结合来寓意人与人的相遇和结合，表现爱情美好的瞬间。

4. 友情

茶席主题：高山茶水遇知音。

所用器物：汤瓶、茶盏、茶匙（带架）、茶筅、茶合。

主题阐述：友情是人生中非常重要的一种情感，朋友相伴左右，能帮助你渡过人生中一个又一个难关。而在朋友中，知音又是更深一层的关系，通常知音能对对方的所想所做有更深层的包容和理解。人们常说“知音难觅”，如果有幸能遇到一二知音，那该是多么值得庆祝的一件事。邀三五好友，摆上茶席，在秋日的午后，回味过去一起经历的岁月，聊聊现在生活的感悟。用三杯两盏清茶，偷得浮生半日闲。

布局结构说明：选用清泉、绿茶和青瓷的茶器。青瓷茶器既能凸显整个茶席素净的氛围，又能凸显绿茶的绿。背景音乐可以选用古琴曲《高山流水》，凸出茶席的清幽和宁静。选用米黄色和蓝色搭配的铺垫，带给人温馨的同时，也能让人体会到清净之感。茶桌上还可以放置一个假山和盆景，以营造高山流水的氛围，与主题相契合。茶桌上还可以放置一本大家都喜欢的书籍，在等候朋友的过程中，可以一边品茗一边翻书，待朋友来后，又可以一起谈论书中的内容。

第四，以历史上的茶事或茶人为题材。

我国已有几千年的饮茶历史，这段漫长而珍贵的历史为我们提供了丰富的茶事和茶人的素材。对于那些了解茶文化和点茶历史的顾客，点茶师可以以茶事、茶俗和茶人等为契机，为其设置一些更有文化深意的点茶主题。

比如，点茶师可以以“今天历史上发生过的茶事或茶人事件”为契机，设计茶席，可以选择在某个时期比较有代表性的事件，如以“焚琴煮茶”“七碗茶歌”“武阳买茶”“披红大红袍”等设置主题。也可以选择一些旧时的茶俗作为主题，以还原这些茶俗从而体现对茶文化的探寻。还可以选择自己喜欢的茶人如宋徽宗、陶穀、蔡襄、苏轼、黄庭坚、郑板桥等设置主题，在茶席中展示他们的文字和对茶的造诣。

主题示例：

1. 七碗茶歌

茶席主题：七碗茶歌。

所用器物：汤瓶、茶盏、茶匙（带架）、茶筅、茶合、茶杯等。

主题阐述：《七碗茶歌》节选自唐代诗人卢仝的作品《走笔谢孟谏议寄新茶》，是全诗最精彩的部分，卢仝是这样写的："一碗喉吻润，二碗破孤闷。三碗搜枯肠，惟有文字五千卷。四碗发轻汗，平生不平事，尽向毛孔散。五碗肌骨清，六碗通仙灵。七碗吃不得也，唯觉两腋习习清风生。"这首茶诗也在日本广为传颂，继而发展成为"喉吻润、破孤闷、搜枯肠、发轻汗、肌骨清、通仙灵、清风生"的日本茶道。点茶师可以利用诗中描写的七碗茶，设置茶席，邀请顾客品饮七杯茶，一起体味诗人卢仝当时的心境。

布局结构说明：在布置基本点茶席的基础上，点茶师点茶，前后为顾客奉茶七杯，邀请顾客用心品饮，从而体味"喉吻润、破孤闷、搜枯肠、发轻汗、肌骨清、通仙灵、清风生"的意境。可以选择稍微豪放一些的音乐，茶挂可以采用大气磅礴的书法。

2. 茶俗"七家茶"

茶席主题："七家茶"。

所用器物：汤瓶、茶盏、茶匙（带架）、茶筅、茶合、水盂、七家茶。

主题阐述："七家茶"是旧时茶俗，即在立夏之日，用隔年的木炭煮水泡茶，茶叶要从左邻右舍中求取（也有说要将新泡的茶水分于左邻右舍），称之为"七家茶"。据说喝了"七家茶"，夏天酷热不易生痱子，身体结实。《西湖游览志馀·熙朝乐事》中对此是这样记载的："立夏之日，人家各烹新茶，配以诸色细果，馈送亲戚比邻，谓之七家茶。富室竞侈，果皆雕刻，饰以金箔，而香汤名目，若茉莉、林禽、蔷薇、桂蕊、丁檀、苏杏，盛以哥、汝、瓷瓯，仅供一啜而已。"

布局结构说明：在立夏这日，可以将茶席设置在社区，从左邻右舍中讨来茶叶做成七家茶，再将七家茶以茶汤点茶法制作后分给每位前来观看点茶表演的邻居。传播传统茶俗与茶文化的同时，也向邻居传播点茶文化和技法。茶桌的尺寸可以稍大一些，点茶师采用站姿点茶法。在茶桌上点缀以鸡蛋、樱桃、青梅等立夏常吃之物作为茶点，吸引邻居前来。铺垫可以采用大面积的叠铺法。茶器则采用常见的青花瓷器。

3. 苏轼

茶席主题：苏仙玉带。

所用器物：汤瓶、茶盏、茶匙（带架）、茶筅、茶合、水盂、玉带杯垫、茶挂（苏轼茶诗）、插花、提梁紫砂壶、东坡紫砂杯等。

主题阐述：苏轼爱茶，现代学者刘学忠先生曾这样评价他："宋代饮茶人生的典型代表是苏东坡。"苏轼的一生都与茶息息相关，他曾做茶诗数百首，并且亲自种茶煮水点茶，还设计了东坡提梁壶。苏轼睡前要喝茶："沐罢巾冠快晚凉，睡馀齿颊带茶香。"工作时要喝茶："簿书鞭扑昼填委，煮茗烧栗宜宵征。乞取摩尼照浊水，共看落月金盆倾。"创作时要喝茶："皓色生瓯面，堪称雪见羞。东坡调诗腹，今夜睡应休。"就连做梦也是在喝茶："十二月二十五日，大雪始晴。梦人以雪水烹小团茶，使美人歌以饮。"以苏轼为主题设计茶席，有许多可以言说的内容。

布局结构说明：在墙上挂一副以苏轼的茶诗为内容的茶挂，选用提梁紫砂壶和东坡紫砂杯作为主要的茶器，铺垫以灰色为主基调，配以原木色的茶桌，用玉或仿玉的方块杯垫。在茶席间，点茶师可以引导顾客先用苏轼自创的饮茶法漱口（每餐后，以浓茶漱口，口中烦腻既去，牙齿也得以日渐坚密），在根据他所写的《试院煎茶》中的内容依次点茶以体悟苏轼当时的心境。《试院煎茶》中这样写道："蟹眼已过鱼眼生，飕飕欲作松风鸣。蒙茸出磨细珠落，眩转绕瓯飞雪轻。银瓶泻汤夸第二，未识古人煎水意。君不见，昔时李生好客手自煎，贵从活火发新泉。"

4. 郑板桥

茶席主题：难得糊涂。

所用器物：汤瓶、茶盏、茶匙（带架）、茶筅、茶合、水盂、紫砂壶、盖碗等。

主题阐述：春季可体验"汲来江水烹新茗"的趣味，秋季可感受"半潭秋水烹茶"的意境。郑板桥是"扬州八怪"之一，嗜茶如命，写了很多茶诗和茶联，其中著名的有《竹枝词》："湓江江口是奴家，郎若闲时来吃茶。黄土筑墙茅盖屋，门前一树紫荆花。"茶诗《小廊》："小廊茶熟已无烟，折取梅花瘦可怜。窈窕柴门秋水阔，乱鸦揉碎夕阳天。"茶联："从来名士能评水，自古高僧爱斗茶。"他还曾借紫砂壶讽喻浅薄之人："嘴尖肚大耳偏高，才免饥寒便自豪。量小不堪容大物，两三寸水起波涛。"可以以郑板桥的出生地、出生日期等为契机，设计一个纪念郑板桥的茶席。可以用他的名言"难得糊涂"作为主题，以体现一种豁达的人生态度。

布局结构说明：将"难得糊涂"几个大字作为背景悬挂在茶席后方，还可选择郑板桥的茶联写成书法悬挂在后方背景上。茶席中的茶点可以选择扬州特色茶点，茶器可以选择一些造型古朴大气的青瓷瓷器，以营造一种大气豁达的人生态度。可以在紫砂壶中插上一根造型有趣古怪的树枝作为插花，以体现郑板桥有趣且古怪的性格特征。

第二节 点茶展演

点茶展演对于高级点茶师来说是非常关键的一个展示环节，也是高级点茶师区别于一般点茶师的主要体现。这一环节对高级点茶师的要求非常高，要求如下：

能按照点茶展演要求布置演示台，选择和配置合适的插花、熏香、茶挂；

能选择点茶展演服饰；

能选择点茶展演合适的音乐；

能组织、演示点茶并介绍其文化内涵。

要掌握：

点茶展演布置及插花、熏香、茶挂基础知识；

点茶展演与服饰相关知识；

点茶展演与音乐相关知识；

点茶演示组织与文化内涵阐述相关知识。

一、宋人“四雅”及配置方式

“烧香点茶，挂画插花，四般闲事，不宜累家。”这段文字出自《梦粱录》，是宋人吴自牧对宋代文人雅致生活的描述，“烧（焚）香、点茶、挂画、插花”也被后人称为宋代“四事”或“四雅”。点茶行茶仪轨中，展现四雅分别是：韵高致静——挂画、冲淡简洁——插花、祛襟涤滞——焚香、致清导和——点茶。点茶师在进行茶事准备的时候，也可以从这“四事”入手，来完成点茶空间的布置和准备。

（一）韵高致静——挂画

点茶空间的挂画，也被称为挂抽，在点茶空间里挂画，能很好地体现点茶师或空间主人的审美、趣味和志向，也能衬托点茶空间的氛围。“坐卧高堂，而尽泉壑”，说的就是在空间内挂画的好处。点茶师在做点茶空间准备的时候，可以在点茶空间内，选用一副符合点茶空间特色或反映点茶主题，并能凸显自己志趣的字画，悬挂在点茶空间的合适位置。

在实际选择挂画的时候，如果点茶空间有限，以挂一幅画为宜，避免挂了太多的字画而使空间杂乱，不美观。悬挂字画时，一般使这幅画的画面中心离地两米左右。如果点茶空间有窗户，那么字画作品宜张挂在与窗户成直角的墙壁上，这样的观赏效果最佳。

通常来说，点茶空间的挂画分两类：一类是能鲜明突出点茶师志趣或点茶空间风格的字画，这类字画通常长期在固定位置悬挂；另一类是为了突出点茶主题而专门张挂的，有不确定性，不会长期悬挂，通常随着主题的变化而变化。

在选择字画时，为了凸显传统文化的氛围，以选用中国传统字画为雅。既可选用传世的名字画，也可选用自己创作的传统风格的字画。挂画以其独有的韵味，装点了点茶空间，使其空间韵高致静。

（二）冲淡简洁——插花

点茶师在进行点茶空间准备的时候，可以适当摆放一些插花，以冲淡空间的单调，使整个空间灵动起来。插花分中式插花和西式插花两种，中式插花主要体现插花的

“雅”，花不在多，有意蕴即可，插花的章法宜疏不宜密，风格以清、疏为主，追求整体的线条美，内涵重于形式。西式插花和中式插花较为不同，一般以“繁”为佳，通过色彩的反复渲染和多种花朵的簇拥，从而达到一种美的观感。

在准备点茶空间时，除一些特殊情况，一般都选用中式插花，以突出其“雅”与环境相匹配。插花一般由点茶师自己准备，点茶师可以用插花来体现其生活理念和品格。在准备插花时，需要遵循三项原则：境物和谐、色彩协调、构图完善。

第一，境物和谐。

点茶是一种高雅的艺术，顾客通过参加点茶师的点茶活动，获得美的享受。在点茶时，点茶师和顾客通过点茶、品茗活动，交流思想，升华心境，最终达到“物我和谐”的境界。因此，点茶师在准备插花的时候也要遵循这样的原则。比如，在制作插花的时候注重插花的节奏感，稳住重心，突出险枝。通过对花、叶的插放和对插花的摆放，与环境相融合，达到境物和谐的状态。

第二，色彩协调。

在制作插花的时候，由于花朵和枝叶等材料颜色众多，因此，要对插花的颜色进行适当的取舍，以便制作成的插花色彩协调，与环境相互映衬。一般来说，颜色的选择遵循上轻下重的原则，即浅色在上，深色在下。

第三，构图完善。

插花的美主要体现其构图美，插花的构图也是整个插花制作环节中最难的一环。完善的构图会给人以美的享受，从而更加喜欢点茶空间。点茶师在插花的时候，首先要选择一朵或几朵主花，将其他花朵作为宾花以陪衬主花。其次处理枝干的高度，使各枝干和谐映衬，构图完善。一般来说，枝干高度的处理要遵循这样的原则：先确定第一主枝的高度，并将其作为标准，一般枝干的高度是花器的 1~2 倍，以 1.5 倍为宜。第二主枝的高度为第一主枝高度的四分之三；第三主枝的为第二主枝的四分之三。

在设计插花构图时，花朵的位置要高低错落，插花在整体上要遵循上散下聚的原则，即花朵和枝叶的底部要聚拢在一处，而上面的枝叶与花朵散开，使其各具形态。花朵与枝叶宜斜不宜直。当有很多花朵时，花朵的位置切忌在同一横线或直线上。花苞在上，盛开的花在下。主花与宾花两者的保鲜时间要相似，切忌插花作品刚完成，一些花朵就先枯萎败。

（三）祛襟涤滞——焚香

中国的香文化源远流长，早在春秋战国时期，中国就有制作和使用熏香的习惯，到了宋代，熏香已经成百姓日常生活中的一部分。宋人周密在《武林旧事》中记载："及有老妪以小炉炷香为供者，谓之香婆。"宋代的文人尤其喜欢在点茶时焚香，宋人杨万里在《焚香诗》中有这样的描述："琢瓷作鼎碧于水，削银为叶轻似纸。"焚香既能与点茶相映成趣，又能使人平心静气，突出环境的清雅。因此，点茶师在准备点茶空间时，要将焚香作为重要的一环。

熏香有熟香与生香之别，熟香指的是成品香料；生香是临场制作的香。一般来说，由于熟香的成香时间长，所以与生香比，香气更浓郁，但有时会因为放置的时间过长，受环境的影响，品质退化，出现霉味；而生香由于是临场制作的，所用材料一般没有经过二次加工，所以香气更加清新，有淡淡的甜味，但往往因为水分过多而带有一些涩味。

按照形态分，熏香还分为线香、盘香、塔香、印香（篆香）、香锥、香粉、香丸等。中国的四大名香分别为沉香、檀香、麝香和龙涎香。点茶师可以根据茶席的主题或自己的喜好选择熏香，一般多选用植物香，不用动物香。

在茶室焚香可以按照释名、赏器、点香、追香、迎香、听香、送香、施礼这八个步骤进行。

第一，释名，即由点茶师向顾客介绍熏香的名称、特点等，让顾客了解熏香的一些基础知识。

第二，赏器，就是请顾客欣赏焚香所用的器物，即香具。除了常见的香炉，还有手炉、香斗、香筒（即香笼）、卧炉、薰球（即香球）、香插、香盘、香盒、香夹、香箸、香铲、香匙等。香具是很好的一种赏玩之物，具有很高的审美价值。

第三，焚香，即直接焚香。此处可以展示点茶师的形象和风格，需要从容焚香，切忌手忙脚乱。

第四，追香，焚香之后，点茶师可引导顾客去捕捉香气。追香的过程也是宁神静气的过程。

第五，迎香，即在追香后，多次进行深呼吸以更好地迎接香气。

第六，听香，点茶师在引导顾客几次追香和迎香后，再播放与点茶主题相关的音乐，让顾客在袅袅香气中听香。为后面的点茶表演做好铺垫。

第七，送香，即收拾好香器。

第八，施礼，此时品香已经接近尾声，点茶师向顾客行礼后，仪式结束。

需要注意的是，“不夺香”是焚香的主要原则，在点茶空间内，茶才是主要角色，点茶师最好选择香味淡雅的香料，并且在品饮点茶前燃尽，切不可喧宾夺主。

（四）致清导和——点茶

准备顺序，其实是由远及近的空间准备，也是从长到短的时间准备。挂画，挂于墙或展于一处的书画，体现点茶师较为恒定的志趣；插花，放置于点茶席天道左手位体现点茶时节；焚香，放置于点茶席天道右手位（有插花时放此位）表明点茶时间。

做好以上空间准备，就可清心点茶，可以使用茶汤点茶法、三汤点茶法及七汤点茶法等。

二、点茶展演中的服饰选择

点茶师要能根据点茶展演的要求选择服饰。点茶展演的场合有多种，场合不同，对服饰的要求也不同。高级点茶师要掌握每一种场合对服饰的具体要求，从而在选择服饰时，可以做出更准确的判断。

具体而言，点茶展演可以分为两种情况，一种是仿宋点茶展演，一种是日常的点茶展演。

点茶师在进行仿宋点茶展演的时候，应着传统的仿宋服饰，画仿宋妆面，使用仿宋礼仪。日常的点茶展演对服饰的要求相对宽松，点茶师身着茶服或常服都可以。不论是仿宋服饰，还是茶服或常服，点茶师在选择服饰的时候，都应该满足五个原则。

第一，服务原则。

服务原则指的是选配的服饰要为点茶展演本身服务。在点茶席前，点茶师的服饰并不完全代表其个人喜好，而是与茶席的主题设计有很大的关系。因此，点茶师在选择服饰的时候，不论是款式、面料、搭配、做工，还是色彩，都要以为茶席服务为原则。点茶师的服饰搭配从某种程度上也体现了点茶师对茶席主题的理解，一般来说理解得越准确，选择的服饰服务性越强，越适合此次的点茶展演。比如，当茶席的主题为“思念”时，点茶师就不宜穿大红大紫等鲜艳活泼的服饰，而要配合茶席搭配素雅的服饰。

服饰要为茶席的主题服务。服饰本身含有某种服饰语言，在确定主题后，点茶师要根据主题选择服饰。用服饰语言强化茶席的主题，同时，也要用服饰语言来传递对点茶、对人生、对世界的理解。比如，当茶席的主题是仿宋点茶时，点茶师应着宋制服饰，这样，即使点茶师没有细致地为顾客介绍点茶的主题，顾客也能从点茶师的服饰中窥知一二。

服饰要为茶席的材质服务。茶席的材质指的是茶席的主要构成材料。在茶席中，一般会用瓷器和铺垫的材质来烘托和营造茶席主题的氛围感。因此，点茶师在选择服饰的时候，可以从茶席瓷器和铺底的材质等入手选择服装的材质。比如，当铺垫选择竹席，瓷器选择建盏时，点茶师可以选择灰白、浅绿的棉麻材质的服饰。

服饰要为茶席的色彩服务。茶席的色彩主要指的是铺垫的色彩、茶器的色彩、插花的色彩等。这些色彩共同构成了茶席的色彩，而点茶师服装的色彩会强化或衬托色彩，使这些色彩更加明显。因此，点茶师在选择服装的时候，还要考虑茶席的色彩。点茶师需要从三个方面来考虑。其一，用服装的颜色加强茶席的颜色，主要适用于颜色较为淡雅的茶席，点茶师可以选用同类颜色的服装来加强茶席的颜色。其二，用服装的颜色来衬托茶席的颜色，这主要用在茶席的颜色已经比较明确的情况下，点茶师可以选择中性色，或者茶席中的主体色对茶席的颜色进行衬托。其三，用服装的颜色来反衬茶席的颜色。比如，当茶席中使用了较多的黑色元素，点茶师就可以着素色的服装来衬托茶席中的黑色。

第二，统一协调原则。

统一协调原则指的是在搭配服饰的时候，要考虑到服饰的统一协调性，主要是指上下搭配和配色的统一协调性。在上下衣搭配中，一些固定搭配如上衣下裳、衬里外套等最好不要分开来搭配。一般来说，上衣宽大，可以选择长、瘦的下裳来搭配，如果下裳肥大且长，则要选择短小、紧束的上衣来搭配，这样才会显得更加协调。不推荐个人搭配，按朝代、场合、文化选择成套的服饰为好。在配色上，也要遵循一定的原则，如黑白灰为百搭色，这几种颜色和任何一种颜色都可以搭配。撞色要选择搭配后能相互成就的颜色，比如可以选择红和白相撞，使之形成鲜明的对比。同色系的穿搭整体上能给人柔和的感觉，可以通过颜色的深浅、明暗的不同进行搭配，让人看起来温文尔雅。近色系的穿搭会给人大方、大气、耐看的感觉，选择近色系服饰的时候，最好选择两款造型简单的衣服，不要太过复杂，容易显得臃肿。着汉服时要注意，在不同时期，一些颜色有特殊规定或特定意义，需先了解时代背景和服饰文化。

第三，形体原则。

形体原则指的是根据点茶师形体的不同，如高矮胖瘦等不同，来进行服饰的选择和搭配。通俗来说，就是为点茶师选择适合且舒适的服装，从而起到扬长避短的作用。人的形体各有不同，大概可以分为这几类：消瘦型、沙漏型、苹果型、梨型、矩型、倒三角型等。

消瘦型指的是形体较瘦的人群，这样的人在选择服饰的时候，要尽量避免选择黑色或者竖条纹的服装，这样的服装会使人看上去更加消瘦。可以选择浅色或者横条纹的服装，用视觉效果扩大整个形体。同样的道理，下身宜选择宽大的下裳，而不宜选择瘦黑的下裳。

沙漏型指的是上身和下身都较胖，但是中间比较瘦的身材。这样的身材在选择服饰时，可以选择束腰的衣服以突出腰部。

苹果型的身材指的是腹部脂肪堆积较多，但是四肢比较消瘦，整个形体看上去像一颗苹果。这类形体的点茶师在选择服饰的时候，尽量突出四肢的优点，回避腹部的缺点。可以选择一些有层次感的稍“复杂”一些的衣服，以弱化腹部。

梨型指的是上身小而下身大的形体。主要的脂肪堆积在臀部和腿部。这样的人在选择服装的时候，可以选择宽大的下裳以遮盖下身的缺点，可以突出上身的优点。要避免全身都很紧的衣服，这样会使上身看起来更小，下身看起来更大，非常不协调。

矩型指的是肩膀和臀部都较宽的身材，这样的人在选择服装时要避免选择宽大的直线型服装。可以选择左右衣襟交叠式系带的古风上衣或者“V”领的上衣。下裳可以以上衣为依据搭配选择，不过要避免选择过紧的裤子。

倒三角型指的是肩部要比腰部和臀部都宽，整个身体呈现出倒三角的形态。这样的身材可选择的服饰较多，不过在选择时要注意不要过于强调肩部的宽度，可以选择“U”型领的上衣或者“V”型领的上衣，要特别注意尽量不要选择横条纹的上衣。

第四，肤色原则。

肤色原则指的是点茶师在选择服饰的时候，要考虑自身的肤色，根据肤色搭配服饰颜色，从而呈现出更好的审美效果。人的肤色细分可以分为白皙肤色、粉嫩肤色、小麦肤色、黝黑肤色等。

白皙肤色的人群可选择的服装颜色范围较广，如果想突出柔和甜美，可以选择粉红、淡黄、粉绿等浅颜色，如果为了突出白净，则可以选择深蓝、深灰等深颜色。但要注意，尽量不要选择偏青色的冷色调，这样会使肤色看起来苍白，甚至病态。

粉嫩肤色的人群可以考虑暖色调的服装来配合肤色，如丁香色和黄色。也可以考虑用撞色来凸显形象，如黄棕色配蓝紫色，淡咖啡色配蓝色，红棕色配蓝绿色等。

小麦肤色给人一种健康有活力的感觉，但是整体颜色偏暗，在搭配服装时，可以选择亮色的服装，这样能带给人一种活力四射的感觉。另外，尽量不要使用大面积的纯色，如上衣和下裳都是白色的，这样比较容易突出肤色较暗这个缺点。

黝黑肤色的人群在选择服饰时，可以选择暖色调的颜色作为主色调，再以绿色、红色、紫罗兰色等作为配色。或者直接选择黑色、白色、灰色作为主色调，尽量不要选择大面积的深红色、深蓝色等颜色，这样容易显得人黯淡无光。

第五，搭配原则。

搭配原则指的是点茶师在选择服饰的时候，还要根据服饰来选择配饰、发型、妆面等，做到整体协调统一，表达一种审美或者品位。

配饰包括胸针、手镯、耳环、项链、腰带等。配饰一方面能衬托点茶师的个人形象，另一方面也在一定程度上反映了点茶师的审美情趣。在选择配饰的时候，要以少而精为主要的原则。配饰不宜过多、过大，也不要过于追逐潮流，选择自己喜欢的即可，有时甚至可以以花草植物作为装饰，比如，把小雏菊当作胸针别在衣服上。配饰的主要目的是陪衬，点茶是一种非常雅致的艺术形式，因此不宜选择过于贵重的金银首饰。着汉服时，发饰也需要与汉服相配，注意文化内涵与朝代特征。

发型以整洁、大方、干净、符合脸型为佳。长发最好盘起，以防点茶时遮住面部。发型要和所着的服饰相配，如选用古风的服饰，就可以选择仿古的发型与发饰，以增加点茶的氛围感。

妆容以美观、大方、符合个人气质为主要原则。在茶席上，不要画过于浓艳的妆容，也不要画不符合点茶师气质的妆容。着汉服时，画相应朝代的妆容。

三、点茶展演中的音乐选择

自古以来，茶和音乐就形影不离，古人认为，在饮茶时有音乐相伴，既能益茶德，又能发茶性，还能起幽思。白居易在他的作品中曾描述过茶与音乐相得益彰的情境，《琴茶》中是这样写的："琴里知闻唯渌水，茶中故旧是蒙山。"

清幽的环境和古雅的音乐，使茶人在品茗中得到了艺术和美的双重享受。音乐对人的影响很大，《晋书·乐志》中曾说："是以闻其宫声、使人温良而宽大；闻其商声，使人方廉而好义；闻其角声，使人倾隐而仁爱；闻其徵声，使人乐养而好使；闻其羽声，使人恭俭而好礼。"因此，点茶师要能够为点茶展演选择合适的音乐，这样可以为人们带来更好的体验。

第一，点茶展演中音乐的分类。

点茶展演中的音乐又可以分为主题音乐和背景音乐。

主题音乐是为了配合点茶展演专门设置的，一般根据茶席的主题，选择一首或几首相契合的曲目，可以是乐曲也可以是歌曲，必要时可以要求真人弹唱，以强调氛围感。一些具有地域色彩或传统色彩的点茶展演还可以使用当地特色的乐器进行演奏，以突出茶席的氛围感。比如，与内蒙古地区相关的点茶展演可以选择马头琴作为主要的演奏乐器；新疆地区可以选择冬不拉、热瓦普；云南地区则可以选用葫芦丝、巴乌等。一些传统的点茶展演可以弹奏古琴、古筝、琵琶、二胡等。一些特殊的展演也会有特殊要求，比如，非遗宋代点茶展演会根据展演场合、点茶人级别选择使用特定的音乐与朗诵词。

背景音乐与主题音乐不同，背景音乐相对要低调一些，以电子设备播放乐曲为主。主要的作用有三点：其一，可以为顾客创造一种情景，营造一种轻松、愉快的休闲氛围；其二，能够舒缓顾客疲惫的身心，有安定情绪、愉悦性情的作用；其三，能营造出典雅的品茶氛围，能为茶室带来积极的效果和正面的影响。因此，在选择背景音乐时，最好选择缓慢、舒缓、轻柔的、使用传统乐器演奏的乐曲，如古琴曲、古筝曲等。

点茶师要把握好对音量的控制，因为音量过低，起不到营造氛围的作用；音量过大，则显得有点吵闹，会引起顾客的反感。

第二，点茶展演中的音乐选择。

点茶展演中，音乐的选择主要考虑茶、人、境这三点。

点茶师可以根据茶品选择音乐。茶的种类繁多，品性滋味各有不同，点茶时可以根据茶的不同特性来选择音乐。比如，绿茶清新、鲜爽，可以选择一些节奏明快的古筝曲和笛声曲与之相配，如《风摆翠竹》《平湖秋月》《姑苏行》《喫茶趣》等。红茶温和醇厚、包容性强，可以选择山泉飞瀑、小溪流水、雨打芭蕉、松涛海浪等自然之音。白茶淡雅素净，有许多作曲家专门为它写歌谱曲，可以选择《茶韵绵长》《白茶飘香》等乐曲。黑茶浓厚豪爽，可以在品茗的时候听听《胡笳十八拍》，在古音中感受黑茶的历史。乌龙茶的品种很多，品乌龙茶如同寻宝，因此可以选择一些欢欢快的乐曲，如《探寻》《踏古》《欢沁》等。仿宋点茶时，可以选古琴曲、古筝曲，如《楚歌》《胡笳十八拍》《潇湘水云》《渔歌》《醉翁吟》《泽畔吟》《古怨》《开指黄莺吟》等乐曲。

点茶师也可以根据顾客的喜好选择音乐。茶除了本身的文化属性，在茶室中还含有非常浓厚的商业属性，面对顾客的要求，不需过于保守和刻板。可以根据顾客的需求播放歌曲。除了传统古典音乐，一些典雅的外国音乐如《天空之城》《神秘园》等都可以放入曲库供顾客选择。对此，点茶师要做好曲库的分类和管理工作，可以将歌曲按照风格的不同进行分类，以便顾客有需求时能快速找到歌曲。另外，有些顾客可能无法准确地说出想要什么音乐，只能大概地描述出风格，如只能说明想要听古典的、幽静的乐曲，点茶师要根据顾客的要求为顾客推荐相应的音乐。

点茶师还可以根据茶席的氛围选择音乐。茶席的氛围受点茶空间、茶席主题、顾客等因素的影响，点茶师要随时观察茶席的氛围，以便随时调整音乐，加强或渲染茶席的意境。比如，当顾客之间的感情升温，整个茶席的气氛变得热烈，顾客的心情也变得兴奋，就可以选择一些比较欢快、热烈的曲子。又如，当茶席由室内移至室外时，可以根据此时的环境，暂时关闭背景音乐，引导顾客倾听自然中的风声、鸟鸣声、流水声等，将其作为“背景音乐”。

四、组织及演示点茶活动

作为一名高级点茶师，要能够组织并演示点茶活动，并为前来的顾客介绍点茶活动的文化内涵。

（一）组织点茶活动

在组织点茶活动时，点茶师主要需要从主题、组织单位、规模、落实这四个方面入手。

第一，要明确点茶活动的主题。比如，点茶活动是为了宣传某个地区的茶文化，还是点茶技艺的评比活动等，再根据确定的主题拟订主题的名称，如“××斗茶会”。这也要求点茶师能根据当地的经济文化发展状况和茶文化需求等因素来设计策划各类点茶活动。

第二，确定组织单位。组织单位既可以是单独一家，也可以是多家。如果有多家单位参与，则要明确谁是主办单位，谁是承办单位、协办单位等。再明确各单位所要提供的资源及负责的工作，然后签订相关协议。

第三，明确活动的规模。一般来说，点茶活动的规模可以分为大型、中型、小型等。活动的规模不同，内容也不同。大型活动是综合性活动，参与的人数也比较多。比如，“茶文化节”，包含的内容有茶叶的展销、名茶评比、茶艺表演、茶文化论坛、文艺演出、斗茶会，等等。涵盖的内容广而全，需要调动多方的资源，需要准备的内容和确认的细节也很多。中型的活动内容和主题都较为单一且明确，往往一个主题、一个目的，人数和规模也不如大型活动那么大，如“××点茶大会”“××斗茶赛”等。小型活动的内容和主题更加简单，形式更加随意，参与人数更少，通常半天就能结束，如“雅集”“迎新茶会”等。

第四，落实推进活动。在以上事项都确认后，就可以开始筹措资金了。资金筹措完成后再对活动方案进行具体策划。在活动开始前，要先明确邀请的单位和个人，然后向其发出邀请函。要注意在邀请函中写清活动的日期、主题、邀请对方参加的内容以及回执截止日期等。

在活动正式开始前，还有一些准备工作需要完成。比如，设置来宾接待，包括签到、食宿安排、资料发放、活动通知等，要确保通知到每一位来宾，并尽量满足来宾提出的需求。还要根据活动的主题完成会场的布置工作，包括准备好背景画面、调试好音响设备，准备好桌、椅、茶器、茶叶等活动现场要用得到的物品。

在活动开始前，要做好来宾的席位安排，最好能够事先为其安排好位置，对号入座，避免现场发生混乱。确定媒体名单，为媒体朋友准备好此次活动的宣传通稿，并为他们介绍活动的大概内容。做好会场的后勤保障工作，包括茶水的供应、用餐的安排、车辆的接送等。

活动结束后，整理相关的资料并进行存档，审查活动的每一笔经费，做到活动费用开支既合理又不浪费。组织人员对本次会议内容进行复盘，总结得失，以便下次能够更好地组织此类活动。

（二）演示点茶

高级点茶师要能在点茶活动中完整地向观众呈现点茶的全过程。点茶师可以根据北宋蔡襄在《茶录》中记载的“藏茶、炙茶、碾茶、罗茶、候茶、熁盏、点茶”的点茶过程，完整地再现仿宋点茶。

第一步，藏茶。

茶宜蒻叶而畏香药，喜温燥而忌湿冷。故收藏之家，以蒻叶封裹入焙中，两三日一次，用火常如人体温温，则御湿润。若火多则茶焦不可食。

藏茶这一步是指团茶的保存方法，团茶在保存的时候，要注意不要与有香味或药味的物品放置在一起，应该用箬叶包好，包好后放在茶焙中进行保存，每隔两三日，要用接近人体温度的小火慢慢烘烤一遍，以防潮气入侵。烤的时候，要注意火力不要过大，以防烤焦，烤焦后的茶就不可以再食用了。

第二步，炙茶。

茶或经年，则香色味皆陈。于净器中以沸汤渍之，刮去膏油一两重乃止，以钤箝之，微火炙干，然后碎碾。若当年新茶，则不用此说。

炙茶针对的是陈年的旧茶，一般当年的新茶不需要进行这个步骤。茶饼存放超过一年，色香味就不如从前了。在使用这块茶饼之前，应该在干净的容器中用滚开的水浇淋，然后刮去表面的一二层油膏，再用茶钤箝住，放在文火上烤干，然后再碾碎。

第三步，碾茶。

碾茶先以净纸密裹捶碎，然后熟碾。其大要，旋碾则色白，或经宿则色已昏矣。

碾茶时先用干净的纸包严捶碎，再反复碾碎。最重要的一点是，捶碎后要立刻碾茶，这样做出的茶汤就是白色的，如果过了一晚再去碾，那么茶汤就会变暗。

第四步，罗茶。

罗细则茶浮，粗则水浮。

罗茶的时候要注意用细罗来罗茶。茶罗得细了，点茶时就能与水相融；如果罗得粗了，就很难与水相融，就会沉在水下。

第五步，候汤。

候汤最难。未熟则沫浮，过熟则茶沉，前世谓之蟹眼者，过熟汤也。沉瓶中煮之不可辨，故曰候汤最难。

候汤指的是掌握煎水的适宜程度，这一步是最难的。如果水没有熟，那么茶沫就会浮在水面上，如果水过熟，茶就会沉在水下。唐代人所说的“蟹眼”，就是水过熟了。水在汤瓶中煮，煎水的人看不到里面的情况，全凭经验把控，所以说候汤是最难的。

第六步，熁盏。

凡欲点茶，先须熁盏令热，冷则茶不浮。

熁盏指的是温茶盏。在点茶前，都要先温茶盏，使茶盏变热。茶盏如果是冷的，在点茶时，茶就会沉入盏底。

第七步，点茶。

茶少汤多，则云脚散；汤少茶多，则粥面聚。钞茶一钱七，先注汤调令极匀，又添注入，环回击拂。汤上盏可四分则止，视其面色鲜白，著盏无水痕为绝佳。建安斗试，以水痕先者为负，耐久者为胜，故较胜负之说，曰相去一水两水。

点茶的时候，如果茶少而水多，就会出现向云脚一样散乱的情况；如果水少而茶多，就会出现像熬粥一样粥面聚集在一起的情况。正确的点茶方法是用茶匙取茶放置在茶盏里，先注入一些热水将其调制均匀；再沿着茶盏一圈旋转注入热水，再击拂。等水到茶盏的四成左右的位置就停止注水，这时候茶面鲜白，且茶盏上没有水痕为最佳。宋代时，建安城斗茶，谁的茶盏先露出水痕算作输，谁的能长时间不露出水痕算作赢。因此，胜负之间，有时就是相差一水两水而已。

除了蔡襄介绍的这种点茶手法，点茶师还可以用“茶汤点茶法”“三汤点茶法”“七汤点茶法”等方式为顾客表演点茶。

（三）点茶的文化内涵

高级点茶师要了解点茶的文化内涵，这样在与顾客交流的时候，能够向其准确地传递，从而让顾客对点茶有更深的了解。

点茶的文化内涵分为狭义上的文化内涵和广义上的文化内涵。狭义上的文化内涵专指与精神文化相关的内容，即在点茶过程中产生的文化和社会现象。在广义上，点茶的文化内涵范围很广，包含了以点茶为中心的物质文明和精神文明的总和，其中就包括了点茶的历史发展、点茶的茶器、点茶的习俗、茶区的人文环境、点茶相关行业的科技、点茶技艺、点茶礼仪、与点茶相关的文学艺术形式、点茶精神、点茶对社会各方面的影响，等等。在这里，我们将点茶文化分为精神文化、制度文化、行为文化和物质文化四个层面。

第一，精神文化。

精神文化指的是人们在点茶过程中产生的价值观念、审美情趣、思维方式等。主要包括：其一，点茶过程中对点茶空间、点茶器、点茶仪轨、点茶技艺的审美，如茶百戏能体现沫饽美、书法美、绘画美等。其二，现存许多反应点茶技艺、饮茶情趣的文艺作品，如宋徽宗的《文会图》、蔡襄的《茶录》、范仲淹的《和章岷从事斗茶歌》等。其三，将饮茶与思想境界相结合，上升至哲理高度，形成茶德、茶道等，如唐代刘贞亮曾提出“茶十德”，非遗宋代点茶传承者行茶默诵“致清导和”。

第二，制度文化。

制度文化指的是茶从生产到品饮的整个过程中，通过其影响力所形成的社会行为规范。主要包括：其一，从社会层面看，历代有很多统治者利用茶叶来稳固其政治地位，并将这种做法称为“茶政”，主要包括纳贡、税收、专卖、贸易等。据《华阳国志·巴志》记载，早在周武王时期，当地的茶叶就要纳贡，唐以后，茶叶纳贡的比例越来越大。《旧唐书·食货志》中记载了对茶叶征收赋税的事实：“税天下茶、漆、竹、木，十取一。”还实行茶叶专卖制，即所谓的榷茶制。宋代时，商人需要先缴税，才能到指定地点获取茶叶贩卖。明清时期，为了实现对西北少数民族的控制，设立专门的茶马司，达到“以茶治边”的目的。其二，从传承体系看，传承茶道需要有相应的制度体系。比如，作为第一点茶传承团队的非遗宋代点茶传承团队具有系统的传承体系，弟子分为记名、入门、入室、嫡传，根据其技艺、成绩、品德定期调整级别，不同级别的传承者具有不同的职责与资格。非遗宋代点茶传承体系还包括每日、每周、每月、每年的学习制度，每周、每月、每年特定的公益行动，每月、每季、每年的斗茶体系，每年固定的拜师仪式、文化节、论坛、征文活动等。

第三，行为文化。

行为文化指的是人们在生产和消费茶叶过程中形成的约定俗成的行为模式。在我国点茶文化中，主要的行为文化包括茶礼和茶俗。与茶相关的礼仪很多，其中待客饮茶成为我国传统文化中不可或缺的一部分，以茶待客逐渐形成茶文化，当代诗人陈祗时在《客来》中写道：“客来正月九，庭迸鹅黄柳。对坐细论文，烹茶香胜酒。”此外，旧时民间行聘时以茶为礼，也称为“茶礼”，男方托人到女方家下聘礼时，聘礼中一定要有茶叶，所以，女子受聘叫作“受茶”，聘礼也被称为“茶礼”。谚语“一女不吃两家茶”，说的就是女子收了一家聘礼便不再收别人家的聘礼。非遗宋代点茶行茶仪轨包括点茶行茶十式、点茶行茶雅六式，其中蕴含了很多茶礼。比如，第一次请筅有三停，一是三拜茶祖，二是礼敬茶筅与《大观茶论》，三是向来宾致敬。

茶俗是民间风俗的一种，经过上千年的演变，比较有代表性的茶俗主要有：其一，以茶祭祀。将茶作为祭品，大约兴起于南北朝时期，齐武帝萧赜曾在遗诏中写道："我灵上慎勿以牲为祭，唯设饼、茶饮、干饭、酒脯而已，天上贵贱，咸同此制。"其二，饮茶习俗。古代有"客来点茶，客罢点汤"的习俗，各地也有自己的饮茶习俗，如"三道茶""留客茶""祝福茶"等。其三，点茶宴。比较有代表性的点茶宴有泾山茶宴和宋联茶宴。径山茶宴，诞生于浙江的径山万寿禅寺，是"由僧人、施主、香客共同参加的茶宴"，随佛教东传至日本，是寺院茶宴的杰出代表。宋联茶宴，源于宋徽宗的《文会图》与米芾的《满庭芳·咏茶》，当代兴盛于江苏地区，通过非遗宋代点茶传承人传向全国，是文人茶宴、百姓茶宴的重要代表。

第四，物质文化。

对于中国人来说，"开门七件事，柴米油盐酱醋茶"，茶首先是日常生活所需，然后才是精神文化享受。有人将茶形容为"清风明月的物质文化"。在茶的物质文化发展过程中，不可忽视的有三种物质文化，即团茶文化、茶器文化以及茶席文化。

团茶是诞生于宋代的一种小饼茶，茶饼上印有龙凤图案，又称龙凤团茶，是专门供皇家饮用的贡茶。龙凤团茶是宫廷茶文化的象征和骄傲。宋代皇帝从宋太祖赵匡胤开始，皆有饮茶的嗜好，这使得团茶不断精进发展，最终成为与当时的官窑瓷器一样的阳春白雪。正因为它的至高无上和独一无二，所以龙凤团茶在当时极其珍贵。北宋《南窗纪谈》中记载："今建州制造，日新岁异，其品之精绝者，一饼值四十千，盖一时所尚，故豪贵竞市以相夸也。"四十千就是四十贯，我们通过黄金来换算，团茶的价格是每片四两黄金（宋代黄金与铜钱的比价大致在 1 两黄金为 10 贯铜钱）。宋代一两黄金与今天的 40 克黄金价值相当，如果按一克黄金 350 元计算，一两黄金的价格为 1.4 万元人民币。那一饼龙凤团茶的价值为 5.6 万元人民币，可见团茶的昂贵程度。

宋代是古代美学发展的高峰，虽然国势不如汉唐，当时经济和文化却远超汉唐。陈寅恪先生曾言：中国文化"造极于赵宋之世"。经济和美学的高度发展，使得宋代对茶器的追求也更加精致极端。宋朝的茶器不仅讲究功用、造型、外观，还讲究质地。宋代的瓷器得到极大的发展，不论是官窑还是民窑，都为当时的宫廷烧制了一批极具美学价值的瓷器，体现了极高的锻造技艺和艺术价值，代表着中国瓷器的最高成就。茶器中最具特色的当属建盏。建盏是风靡宋代的一种茶盏，种类很多，包括金兔毫盏、银兔毫盏、黑盏、蓝盏、供御款的褐色兔毫盏、鹧鸪斑盏、油滴釉盏、曜变天目盏等，这些瓷器主要产自福建省建阳区水吉镇的建窑。由于建窑临近福建的泉州港和福州港，这两个港口是当时对外贸易的重要港口，因此建盏大量销往海外。据宋代赵汝适的《诸蕃志》、元朝汪大渊的《岛夷志略》等文献记载，早在南宋时期，建窑生产的建盏就大量销往朝鲜、日本、东南亚等地。受宋代点茶文化的影响，日本对建盏情有独钟，目前传世仅有的三件曜变天目碗都在日本。还有部分建盏现保存于韩国国立中央博物馆和国立光州博物馆。

茶文化的物质文化还体现在茶席上的“三才”“四象”文化。“三才”及“四象”文化规定了茶席的布置规范，在“三才”中将茶桌分为三条线，从点茶师的位置开始，向前依次为“地道”“人道”“天道”。“地道”水平线上，放置茶巾；“人道”水平线上，从左到右放置汤瓶、盏、筅（点茶时）、水盂；“天道”第一条水平线上，从左到右放置茶合、茶匙（带架）、茶筅（不点茶时）。在“四象”中，汤瓶放在左手青龙位，茶合、茶匙（带架）放在较远的前方朱雀位，茶筅（点茶时）放右手白虎位，茶巾放在较近的前方玄武位，茶盏放在中间黄龙位。

（四）宋茶文化

除了以上的内容，点茶师还要掌握宋代的茶文化内涵，以便在进行仿宋点茶时，可以正确地回答顾客的提问。宋代的茶文化主要可以分为四方面，分别是宫廷茶文化、文人茶文化、寺观茶文化、民间茶文化。

第一，宫廷茶文化。

宋代的宫廷对茶文化非常推崇，饮茶也十分讲究，非常注重点法、饮法、礼法等，时人也纷纷效仿，这是将宋代茶事推向历史高峰的重要力量之一。在宫廷茶文化中，有两个重要方面，即贡茶文化和赐茶文化。

贡茶在唐代的时候就成定例，唐代诗人卢仝曾写诗记载：“天子须尝阳羡茶，百草不敢先开花。”从当代出土的唐代文物看，当时贵族所使用的茶器已经非常豪华，贵族尚且如此，可以推断宫廷使用的茶器有过而无不及。唐代茶学家陆羽也曾谈到王公贵族之家使用茶器的情况：“但城邑之中，王公之门，二十四器阙一则茶废矣。”这句话描述的是王公贵族聚在一起饮茶，如果发现烹茶、饮茶的器具少了一件，就会影响喝茶的雅兴。

宋代帝王嗜茶，更是将在唐代已经成定例的贡茶制度化。宋代的贡茶主要分为几个阶段。宋太宗至道初，诏造石乳、的乳、白乳作贡茶。宋真宗咸平初，丁谓任福建转运使，监造贡茶，专门精心制作了龙凤团茶进献给皇帝，得到皇帝的赏识和信任。从此以后，建州每年进贡大龙凤茶各二斤，八饼为一斤，共计十六饼。宋仁宗庆历年间，蔡襄在任福建转运使时，将大龙团改制为小龙团，更受皇帝的赏识。蔡襄曾写道："是年，改而造上品龙茶，二十八片仅得一斤，无上精妙，以甚合帝意，乃每年奉献焉。"此后，宋神宗元丰年间创制了"密云龙"。宋哲宗绍圣年间创制了"瑞云祥龙"。到了宋徽宗大观年间，在皇帝赵佶的影响下，又创制了"御苑玉芽""万寿龙芽""无比寿芽""试新銙""贡新銙"等新茶。宋徽宗宣和二年，转运使郑可简别出心裁，创制了一种"银丝水芽"，"将已精选之熟芽再剔去叶子，仅存茶心一缕，用珍器贮清泉渍之，光明莹洁，若银线然，以制方寸新銙(銙即模型)，有小龙蜿蜒其上，号'龙团胜雪'"。"龙团胜雪"的出现，标志着宋代的制茶已经到达了巅峰。仅在北宋，贡茶品目就达到了四五十种，只建安的官焙就有三十多所。

宋代的赐茶文化盛行，在很多文献中都有记载。按照场合的不同，主要可以分为宴席赐茶、殿试赐茶和慰问赐茶。

宴席赐茶多发生在宴席上，主要有两种形式，一种是"茶酒班"赐茶。如南宋诗人周密曾在《南渡典仪》中记载："车驾幸学，讲书官讲讫，御药传旨宣坐赐茶。凡驾出，仪卫有茶酒班殿侍两行，各三十一人。"这段话描述的就是皇帝出巡时会带上"茶酒班"随行。另一种是皇帝亲自"布茶"。比如，北宋蔡京在《延福宫曲宴记》中这样记载："宣和二年十二月癸巳，召宰执亲王等曲宴于延福宫。上命近侍取茶具，亲手注汤击拂，少顷白乳浮盏面，如疏星淡月，顾诸臣曰：此自布茶。饮毕皆顿首谢。"这段话描述的就是宋徽宗亲自为大臣点茶。

殿试赐茶是指皇帝或皇后向考官及进士赐茶，以示对其重视。北宋诗人王巩曾在《甲申杂记》中记载："仁宗朝，春试进士集英殿，后妃御太清楼观之。慈圣光献出饼角子以赐进士，出七宝茶以赐考试官。"

慰问赐茶指的是皇帝与大臣见面时为其赐茶，如朝贺时赐茶。这是一种较为常见的赐茶方式，欧阳修就曾在《画墁录》中表达了对宋仁宗赐茶的感恩之情：“以侈非常之赐，亲知瞻玩，赓唱以诗，故欧阳永叔有《龙茶小录》。”王巩在他的《随手杂录》中记录了宋哲宗秘密向苏轼赐茶的事件：“中使至，密谓子瞻曰：某出京师辞官家，官家曰：辞了娘娘来。某辞太后殿，复到官家处，引某至一柜子旁，出此一角密语曰：赐与苏轼，不得令人知。遂出所赐，乃茶一斤，封题皆御笔。”

第二，文人茶文化。

宋代是茶文化空前繁荣的时期，专门论述茶的著作就有三十多部，其中包括宋徽宗的《大观茶论》、蔡襄的《茶录》、宋子安的《东溪试茶录》、熊蕃的《宣和北苑贡茶录》、赵汝砺的《北苑别录》等。将茶事入画的更多，传世的书画作品包括宋徽宗的《文会图》，刘松年的《撵茶图》《卢仝烹茶图》《斗茶图》《茗园赌市图》等，此外，在出土的宋墓壁画、棺木刻画及受宋人影响的辽墓壁画中，都能发现茶的身影。宋代书法四大家苏轼、黄庭坚、米芾、蔡襄均有多幅茶事书法传世。

宋人传世的茶诗数量更多，远超唐人。宋代的梅尧臣、范仲淹、欧阳修、苏轼、苏辙、黄庭坚、秦观、陆游、范成大、杨万里等名家留下了很多著名的诗篇。

茶诗示例：

汲江煎茶

苏轼

活水还须活火烹，自临钓石取深清。

大瓢贮月归春瓮，小杓分江入夜瓶。

茶雨已翻煎处脚，松风忽作泻时声。

枯肠未易禁三碗，坐听荒村长短更。

试院煎茶

苏轼

蟹眼已过鱼眼生，飕飕欲作松风鸣。

蒙茸出磨细珠落，眩转绕瓯飞雪轻。

银瓶泻汤夸第二，未识古人煎水意。

君不见，昔时李生好客手自煎，贵从活火发新泉。

又不见，今时潞公煎茶学西蜀，定州花瓷琢红玉。

我今贫病长苦饥，分无玉碗捧蛾眉。

且学公家作茗饮，砖炉石铫行相随。

不用撑肠拄腹文字五千卷，但愿一瓯常及睡足日高时。

和钱安道寄惠建茶

苏轼

我官于南今几时，尝尽溪茶与山茗。

胸中似记故人面，口不能言心自省。

为君细说我未暇，试评其略差可听。

建溪所产虽不同，一一天与君子性。

森然可爱不可慢，骨清肉腻和且正。

雪花雨脚何足道，啜过始知真味永。

纵复苦硬终可录，汲黯少戆宽饶猛。

草茶无赖空有名，高者妖邪次顽懭。

体轻虽复强浮泛，性滞偏工呕酸冷。

其间绝品岂不佳，张禹纵贤非骨鲠。

葵花玉夸不易致，道路幽险隔云岭。

谁知使者来自西，开缄磊落收百饼。

嗅香嚼味本非别，透纸自觉光炯炯。

粃糠团凤友小龙，奴隶日注臣双井。

收藏爱惜待佳客，不敢包裹钻权幸。

此诗有味君勿传，空使时人怒生瘿。

怡然以垂云新茶见饷报以大龙团仍戏作小诗

苏轼

妙供来香积，珍烹具大官。

拣芽分雀舌，赐茗出龙团。

晓日云庵暖，春风浴殿寒。

聊将试道眼，莫作两般看。

种茶

苏轼

松间旅生茶，已与松俱瘦。

茨棘尚未容，蒙翳争交构。

天公所遗弃，百岁仍稚幼。

紫笋虽不长，孤根乃独寿。

移栽白鹤岭，土软春雨后。

弥旬得连阴，似许晚遂茂。

能忘流转苦，戢戢出鸟咮。

未任供白磨，且可资摘嗅。

千团输大官，百饼衔私斗。

何如此一啜，有味出吾囿。

次韵黄夷仲茶磨

苏轼

前人初用茗饮时，煮之无问叶与骨。

浸穷厥味臼始用，复计其初碾方出。

计尽功极至于磨，信哉智者能创物。

破槽折杵向墙角，亦其遭遇有伸屈。

岁久讲求知处所，佳者出自衡山窟。

巴蜀石工强镌凿，理疏性软良可咄。
予家江陵远莫致，尘土何人为披拂。

西江月·茶词

苏轼

龙焙今年绝品，谷帘自古珍泉。
雪芽双井散神仙。苗裔来从北苑。
汤发云腴酽白，盏浮花乳轻圆。
人间谁敢更争妍。斗取红窗粉面。

寒夜

杜耒

寒夜客来茶当酒，竹炉汤沸火初红。
寻常一样窗前月，才有梅花便不同。

龙凤茶

王禹偁

样标龙凤号题新，赐得还因作近臣。
烹处岂期商岭水，碾时空想建溪春。
香於九畹芳兰气，圆似三秋皓月轮。
爱惜不尝惟恐尽，除将供养白头亲。

烹北苑茶有怀

林逋

石碾轻飞瑟瑟尘，乳香烹出建溪春。
世间绝品人难识，闲对茶经忆古人。

伯坚惠新茶绿橘香味郁然便如一到江湖之上戏

刘著

建溪玉饼号无双，双井为奴日铸降。

忽听松风翻蟹眼，却疑春雪落寒江。

尝茶和公仪

梅尧臣

都篮携具向都堂，碾破云团北焙香。

汤嫩水清花不散，口甘神爽味偏长。

莫夸李白仙人掌，且作卢仝走笔章。

亦欲清风生两腋，从教吹去月轮旁。

尝新茶

曾巩

麦粒收来品绝伦，葵花制出样争新。

一杯永日醒双眼，草木英华信有神。

寄茶与和甫

王安石

彩绛缝囊海上舟，月团苍润紫烟浮。

集英殿里春风晚，分到并门想麦秋。

寄茶与平甫

王安石

碧月团团堕九天，封题寄与洛中仙。

石楼试水宜频啜，金谷看花莫漫煎。

陪诸公登南楼啜新茶家弟出建除体诗诸公既和

陈与义

建康九醖美，侑以八品珍。

除瘴去热恼，与茶不相亲。

满月堕九天，紫面光磷磷。

平生酪奴谤，脉脉气未申。

定论得公诗，雅号知凝神。

执持甘露椀，未觉有等伦。

破睡及四座，愧我非嘉宾。

危楼与世隔，万事不及唇。

成公方坐啸，赏此玉花匀。

收杯未要忙，再试晴天云。

开口得一笑，兹游念当频。

闭眼归默存，助发梨枣春。

与周绍祖分茶

陈与义

竹影满幽窗，欲出腰髀懒。

何以同岁暮，共此晴云椀。

摩挲蛰雷腹，自笑计常短。

异时分忧虞，小杓勿辞满。

北岩采新茶用忘怀录中法煎饮欣然忘病之未去也

陆游

槐火初钻燧，松风自候汤。

携篮苔径远，落爪雪芽长。

细啜襟灵爽，微吟齿颊香。

归时更清绝，竹影踏斜阳。

饭罢碾茶戏书

陆游

江风吹雨暗衡门，手碾新茶破睡昏。

小饼戏龙供玉食，今年也到浣花村。

试茶

陆游

北窗高卧鼾如雷，谁遣香茶挽梦回？

绿地毫瓯雪花乳，不妨也道入闽来。

睡起试茶

陆游

笛材细织含风漪，蝉翼新裁云碧帷。

端溪砚璞斲作枕，素屏画出月堕空江时。

朱栏碧甃玉色井，自候银缾试蒙顶。

门前剥啄不嫌渠，但恨此味无人领。

同何元立蔡肩吾至东丁院汲泉煮茶二首

陆游

（其一）

一州佳处尽裴回，惟有东丁院未来。

身是江南老桑苎，诸君小住共茶杯。

（其二）

雪芽近自峨嵋得，不减红囊顾渚春。

旋置风炉清樾下，它年奇事记三人。

喜得建茶

陆游

玉食何由到草莱，重奁初喜坼封开。

雪霏庾岭红丝硙，乳泛闽溪绿地材。

舌本常留甘尽日，鼻端无复鼾如雷。

故应不负朋游意，手挈风炉竹下来。

雪后煎茶

陆游

雪液清甘涨井泉，自携茶灶就烹煎。

一毫无复关心事，不枉人间住百年。

夜汲井水煮茶

陆游

病起罢观书，袖手清夜永。

四邻悄无语，灯火正凄冷。

山童亦睡熟，汲水自煎茗。

锵然辘轳声，百尺鸣古井。

肺腑凛清寒，毛骨亦苏省。

归来月满廊，惜踏疏梅影。

昼卧闻碾茶

陆游

小醉初消日未晡，幽窗催破紫云腴。

玉川七碗何须尔，铜碾声中睡已无。

催公静碾茶

黄庭坚

雪里过门多恶客，春阴只恼有情人。

睡魔正仰茶料理，急遣溪童碾玉尘。

奉同六舅尚书咏茶碾煎烹三首

黄庭坚

（其一）

要及新香碾一杯，不应传宝到云来。

碎身粉骨方余味，莫厌声喧万壑雷。

（其二）

风炉小鼎不须催，鱼眼长随蟹眼来。

深注寒泉收第一，亦防枵腹爆乾雷。

（其三）

乳粥琼糜雾脚回，色香味触映根来。

睡魔有耳不及掩，直拂绳床过疾雷。

寄新茶与南禅师

黄庭坚

筠焙熟香茶，能医病眼花。

因甘野夫食，聊寄法王家。

石钵收云液，铜缾煮露华。

一瓯资舌本，吾欲问三车。

省中烹茶怀子瞻用前韵

黄庭坚

阁门井不落第二，竟陵谷帘定误书。

思公煮茗共汤鼎，蚯蚓窍生鱼眼珠。

置身九州之上腴，争名龄中沃焚如。

但恐次山胸垒块，终便酒舫石鱼湖。

送张子列茶

黄庭坚

斋余一椀是常珍，味触色香当几尘。

借问深禅长不卧，何如官路醉眠人。

谢人惠茶

黄庭坚

一规苍玉琢蜿蜒，藉有佳人锦段鲜。

莫笑持归淮海去，为君重试大明泉。

谢王炳之惠茶

黄庭坚

平生心赏建溪春，一邱风味极可人。

香包解尽宝带胯，黑面碾出明窗尘。

家园鹰爪改呕冷，官焙龙文常食陈。

於公岁取壑源足，勿遣沙溪来乱真。

浣溪沙·竹色苔香小院深

周密

竹色苔香小院深。蒲团茶鼎掩山扃。松风吹尽世间尘。

静养金芽文武火，时调玉轸短长清。石床闲卧看秋云。

浣溪沙·水递迢迢到日边

程大昌

水递迢迢到日边。清甘夸说与茶便。谁知绝品了非泉。

旋挹天花融湩液，净无土脉污芳鲜。乞君风腋作飞仙。

诉衷情·闲中一盏建溪茶

张抡

闲中一盏建溪茶。香嫩雨前芽。砖炉最宜石铫，装点野人家。

三昧手，不须夸。满瓯花。睡魔何处，两腋清风，兴满烟霞。

谒金门·汤怕老

吴潜

汤怕老，缓煮龙芽凤草。七碗徐徐撑腹了。庐家诗兴渺。

君岂荆溪路杳。我已泾川梦绕。酒兴茶酣人语悄。莫教鸡聒晓。

风流子·夜久烛花暗

王千秋

夜久烛花暗，仙翁醉、丰颊缕红霞。正三行钿袖，一声金缕，卷茵停舞，侧火分茶。笑盈盈，溅汤温翠碗，折印启缃纱。玉笋缓摇，云头初起，竹龙停战，雨脚微斜。

清风生两腋，尘埃尽，留白雪、长黄芽。解使芝眉长秀，潘鬓休华。想竹宫异日，衮衣寒夜，小团分赐，新样金花。还记玉麟春色，曾在仙家。

满庭芳·咏茶

米芾

雅燕飞觞，清谈挥麈，使君高会群贤。密云双凤，初破缕金团。窗外炉烟自动，开瓶试、一品香泉。轻淘起，香生玉乳，雪溅紫瓯圆。

娇鬟，宜美盼，双擎翠袖，稳步红莲。座中客翻愁，酒醒歌阑。点上纱笼画烛，花骢弄、月影当轩。频相顾，余欢未尽，欲去且留连。

宫词

赵佶

今岁闽中别贡茶，翔龙万寿占春芽。

初开宝箧新香满，分赐师垣政府家。

上春精择建溪芽，携向云窗力斗茶。

点处未容分品格，捧瓯相近比琼花。

螺细珠玑宝合装，玻璃瓮里建芽香。

兔毫连盏烹云液，能解红颜入醉乡。

武夷茶歌

范仲淹

年年春自东南来，建溪先暖冰微开。

溪边奇茗冠天下，武夷仙人从古栽。

和章岷从事斗茶歌

范仲淹

年年春自东南来，建溪先暖冰微开。

溪边奇茗冠天下，武夷仙人从古栽。

新雷昨夜发何处，家家嬉笑穿云去。

露牙错落一番荣，缀玉含珠散嘉树。

终朝采掇未盈襜，唯求精粹不敢贪。

研膏焙乳有雅制，方中圭兮圆中蟾。

北苑将期献天子，林下雄豪先斗美。

鼎磨云外首山铜，瓶携江上中泠水。

黄金碾畔绿尘飞，紫玉瓯心雪涛起。

斗茶味兮轻醍醐，斗茶香兮薄兰芷。

其间品第胡能欺，十目视而十手指。

胜若登仙不可攀，输同降将无穷耻。

于嗟天产石上英，论功不愧阶前蓂。
众人之浊我可清，千日之醉我可醒。
屈原试与招魂魄，刘伶却得闻雷霆。
卢仝敢不歌，陆羽须作经。
森然万象中，焉知无茶星。
商山丈人休茹芝，首阳先生休采薇。
长安酒价减千万，成都药市无光辉。
不如仙山一啜好，泠然便欲乘风飞。
君莫羡花间女郎只斗草，赢得珠玑满斗归。

第三，寺观茶文化。

寺院、道观早在晋代就与茶结缘了，敦煌文献《茶酒论》中曾记载："我之茗草，万木之心。或白如玉，或似黄金。明（名）僧大德，幽隐禅林。饮之语话，能去昏沉。供养弥勒，奉献观音。千劫万劫，诸佛相钦。"这几句话，道出了寺院与茶的密切关系。

由于僧人修行主张"戒、定、慧"。"戒"就是要求僧人不饮酒，戒荤吃素，过午不进食。"定"和"慧"，则要求僧人息心静坐，思禅悟道。茶有消除疲劳、提神益思的功效，且含有丰富的营养物质，自然成了僧人"过午不食"后补充营养的理想饮品。久而久之，就发展成了独特的寺院茶文化。到了宋代，坐禅饮茶被列为宗门规定，写入了《百丈清规》中，后人修订为正式戒律。寺院中当然也有了一系列与茶相关的事物，如茶堂、茶鼓、茶头、施茶僧等。茶堂是僧人辩论佛理、招待香客、品尝香茶的地方。茶鼓是召集僧众饮茶时所击的鼓，茶头是掌管烧水煮茶、献茶待客的僧人，施茶僧是在寺院门前专门施惠茶水的僧人。

待到禅宗兴盛以后，寺院提倡以茶助禅，更是达到"禅茶一味"的精神境界，为茶道的形成奠定了基础。可以说，寺院是茶文化的形成与发展的重要土壤。寺院茶文化的贡献主要体现在三个方面。其一，僧人写茶诗、吟茶词、作茶画或与文人唱和茶事，丰富了茶文化的内容。如《虚堂和尚语录》中就收录了很多首茶诗，宋代僧人慧洪在《石门文字禅》中留有十几首茶诗。其二，寺院衍生出了"梵我如一"的思想理念和"戒、定、慧"的修行理念，深化了茶道的思想内涵，使茶道更具神韵。

其三，寺院经常进行的茶事活动，对品茗技艺的提高和品茗礼仪的规范都很有帮助。郑板桥曾说道："从来名士能萍水，自古高僧爱斗茶。"比如，在宋宁宗开禧年间，一些寺院就经常举行上千人的大型茶宴，并把四秒钟的饮茶规范纳入了《百丈清规》，而此书也被近代学者认为是寺院茶仪与儒家茶道相结合的标志。

第四，民间茶文化。

宋代的饮茶之风极盛，饮茶已经渗透到生活中的方方面面，宋代文学家王安石曾说道："夫茶之为民用，等于米盐，不可一日以无。""柴米油盐酱醋茶"，茶成了开门七件事之一，可见其重要性。除了日常饮用，茶在接待顾客时也起到了重要的作用，宋代地理学家朱彧在《萍洲可谈》中曾记载："今世俗客至则啜茶，去则啜汤。"说的就是客来敬茶的民间茶俗。日常交往中，茶也起到重要作用。在北宋汴京民俗中，有人乔迁新居，左邻右舍要彼此"献茶"。在旧时的婚礼中，"三茶六礼"指的是求亲到完婚的整个过程，茶是婚礼中重要的组成部分。

宋代的茶肆、茶坊、茶楼、茶店遍布城市乡村。孟元老在《东京梦华录》中关于茶的记载很多，如"从行角茶坊""各有茶坊酒店""内有仙洞仙桥，仕女往往夜游吃茶于坡"等。南宋时期的都城临安，茶肆经营更是昼夜不绝，无论何时，不管是烈日当头还是寒冬腊月，不管是白天还是深夜，时时有人提壶卖茶。茶肆的经营手段也非常多样，如"插四时花，挂名人画，装点门面"，吸引人们前来饮茶。

第九章　高级点茶师的茶间服务

第一节　点茶推介

高级点茶师在为顾客提供点茶推介服务时，要能根据顾客的需求，介绍我国的饮茶史，点茶渊源、发展等知识。

一、我国的饮茶简史

茶是现今世界公认的三大无酒精饮料之一，茶叶更是被西方人称为“神奇的东方树叶”，全世界的100多个国家和地区的人们都喜爱饮茶，茶已经成为风靡世界的一种饮料。茶叶起源于中国，有学者考证，中国人饮茶始于神农时代，距今已有四五千年的历史，随着历史的发展以及劳动人民的辛勤劳作，人们对茶的认知和使用也一步一步加深。

（一）神农时期

茶的起源可以追溯至4700多年前的神农时期，传说神农氏为了给人治病，经常亲自去深山野岭采药，并亲口尝试采集到的草药来鉴别它们的功效。有一天，神农氏无意中吃了一种有毒的草药，他顿时感到口干舌麻、头晕目眩。他赶紧来到一棵大树下，背靠着树干坐下来休息。这时，一阵风将几片树叶吹到他面前，他捡起树叶放到口中咀嚼。没想到一股清香油然而生，他感到舌底生津，精神又振奋起来，之前的不适也消失得无影无踪。从那之后，神农氏就将这种植物命名为“荼”，也就是一种苦菜，神农氏将它作为一种中药来使用。

唐代茶学家陆羽因此将神农氏奉为“茶祖”，并在他的著作《茶经》中指出：“茶之为饮，发乎神农氏，闻于鲁周公。”《神农本草经》中也有相关的文字记载：“神农尝百草，一日遇七十二毒，得茶而解之。”而《神农食经》中是这样说的：“茶茗久服，令人有力、悦志”。

（二）夏商周时期

茶的起源除了“神农说”，还有一种说法就是“商周说”，人们认为夏商周时期才真正发现并食用茶叶，而食用茶叶的习惯也得到了继承和发展。东晋史学家常璩在《华阳国志·巴志》中有过这样的记载:“周武王伐纣,实得巴蜀之师,著乎《尚书》。武王既克殷，以其宗姬封于巴……鱼、盐、铜、铁、丹漆、茶、蜜……皆纳贡之。其果实之珍者，树有荔枝……园有芳蒻、香茗。”这里的香茗指的就是茶，而园则是指茶园，由此可见，当时的茶已经作为贡品，并且从野生采集变成了人工种植。

根据陆羽在《茶经》中说道：“茶之为饮，发乎神农氏，闻于鲁周公。”可见在周代,已经开始了茶的饮用。当时的茶是和葱、姜、山茱萸等一起煮食的。史书《周礼》中关于茶叶的煮饮调配，有过这样的论述：“凡和，春多酸，夏多苦，秋多辛，冬多咸，调以滑甘。”这段文字说明当时的煮饮，更加强调调味以及与时令物产的搭配。这种饮用方式现今几乎都被淘汰，但是在一些地区，还是能看到类似的品饮方式。比如，土家人把生茶叶（即茶树上的新鲜幼芽）和生姜、生米混合在一起，捣成糊状，加水烹煮饮用。

（三）春秋战国及秦时期

古巴蜀国可以说是最早的茶叶产区，那时候，茶叶已经出现在巴蜀国向周天子献上的“贡品”中。春秋战国时期，楚武王“开濮地而有之”，降服了巴地，使得巴地的茶叶传向楚国。此后，秦国变得强大，攻打楚国，吞并巴蜀，经过频繁的战争和大量的人口流动，茶叶又进一步向中原地区传播，饮茶习俗也逐渐流传开来。对此，顾炎武在《日知录》中曾这样描述：“自秦人取蜀而后，始有茗饮之事。”

但是当时主要的食用方式是将茶叶作为菜食和粥食用，陆羽在《茶经·七之事》中引用《晏子春秋》中的文字：“婴相齐景公时，食脱粟之饭，炙三弋、五卵、茗菜而已。”讲述的是晏婴吃饭很简单，除了三五样简单的菜食以外，只有“茗菜”

而已。《尔雅》中是这样解释“苦荼”的：“叶可炙作羹饮。”《桐君采药录》等书中出现了茶与一些香料同煮后再食用的记载，当时的人们会添加很多佐料和调味品，如葱、姜、枣、橘皮、茱萸、薄荷等材料与茶叶一同熬煮，以掩盖茶叶的苦味和涩味。

（四）两汉时期

西汉诞生了中国最早关于茶叶的文献，即西汉文学家王褒的作品《僮约》，其中提道：“舍中有客，提壶行酤，汲水作哺。涤杯整案，园中拔蒜，斫苏切脯。筑肉臛芋，脍鱼炰鳖，烹荼尽具，已而盖藏……牵犬贩鹅，武阳买荼……”其中关于茶的描述“武阳买荼”“烹荼尽具”。此文献的出现，至少说明了三个事实：首先，“烹荼”说明茶叶的煮制方式已经形成。其次，说明茶文化形成，茶被用来招待客人，这说明茶已经进入了精神层面。最后，“武阳买荼”说明当时至少已经形成茶叶交易，并且出现了茶叶市场。茶叶交易的形成说明茶叶至少已经进入社会的中层，而需要去到另一个地方购买茶叶，则说明茶叶已经成为具有一定交易规模的商品。

到了东汉时期，茶开始作为饮料传播，并为上层人士喜爱。比如，南阳市麒麟岗汉墓中出土的两幅饮茶汉画像，说明当时南阳的上层贵族已经开始饮茶。此外，还有几种稀有的茶叶品种被作为贡品进献给皇帝。茶叶贸易变得更加商业化，最早的茶叶集散中心出现在成都。这个时期，制茶的工艺也得到了提升，出现了更易于运输的茶饼。

在汉代，有不少关于茶叶的文章流传于世，比如著名医学家华佗在《食经》中明确了茶的医学价值：“苦荼久食，益意思。”说明茶有消除疲劳，提神醒脑的作用。司马相如在《凡将篇》中写道：“乌啄桔梗芫华，款冬贝母木蘗蒌，芩草芍药桂漏芦，蜚廉雚菌荈诧，白敛白芷菖蒲，芒消莞椒茱萸。”其中“荈诧”就是茶的一种。杨雄在《蜀都赋》中写道：“百华投春，隆隐芬芳，蔓茗荧翠，藻蕊青黄。”这些文章的出现，也标志着茶文化开始逐渐萌芽。

在汉代，煮茶之前要先将茶饼放在火上烤制，直到烤出茶叶的香气，趁热用袋子装起来，以免失去茶叶的香气，待到冷却后，再将其碾碎成末，这样的工序完成后才开始煮茶。汉代烤茶的器具主要包括放炭炉、炭铗、捣茶石舀和杵、陶罐陶碗等。在今天的西北陕甘一带以及西南部分少数民族地区，还能看到类似这样的烤茶方式。

这种烤茶方式也被称为唐代煎茶法的起源。

（五）三国魏晋南北朝时期

到了三国魏晋南北朝时期，关于茶叶的文献就比较多了。比如，《广雅》中就有这样的文字记载："荆巴间采叶作饼，叶老者，饼成以米膏出之。"这是已知、最早的关于饼茶的制作和饮用方法的记载。陈寿在《三国志》中记载了吴国末帝孙皓"以茶代酒"的故事："无不竟日，座席无能否，率以七升为限，虽不悉入口，皆浇灌取尽。曜素饮酒不过三升，初见礼异时，常为裁减，或密赐荈以当酒。"其中，"荈"即茶，这是关于茶礼的早期记载。人们对茶的各种功效的认识也越来越深入，比如，三国魏吴普在《本草》中记载："苦菜，味苦寒，无毒。久服安心益气，聪察少卧轻身，耐老耐饥寒，豪气不老。"认为茶有安心益气、延年益寿的功效。

晋代杜育的《荈赋》是历史上第一首完整记录茶叶从种植到品饮的诗词曲赋类作品："灵山惟岳，奇产所钟。瞻彼卷阿，实曰夕阳。厥生荈草，弥谷被岗。承丰壤之滋润，受甘露之霄降。月惟初秋，农功少休；结偶同旅，是采是求。水则岷方之注，挹彼清流；器择陶简，出自东瓯；酌之以匏，取式公刘。惟兹初成，沫沈华浮。焕如积雪，晔若春敷。若乃淳染真辰，色绩青霜；氤氲馨香，白黄若虚。调神和内，倦解慵除。"在这篇赋中，描写了茶叶的生长、采摘，择水、择器、茶汤的鉴赏等内容。至此，饮茶之风逐渐在文人中蔓延开，关于茶的诗词歌赋日渐增多，逐渐形成了茶文化。

西晋末年至南北朝时期，北方社会动荡不稳，大批文人士族举家南下，向江浙一带迁居，随着人口的迁移，饮茶习俗在全国范围普及开来，茶叶的消耗量也迅速增加。恰逢茶叶的产地从巴蜀及长江中游一带向长江中下游一带拓展，江浙一带顺理成章地成为茶叶的新产区。茶被赋予了"清廉""勤俭""朴素"等新的内容，与社会生活有了深度的融合。甚至有文献记载了关于茶水的交易，《广陵耆老传》中这样写道："晋元帝时有老姥，每旦独提一器茗，往市鬻之，市人竞买，自旦至夕，其器不减。所得钱散路旁贫乞人，人或异之。州法曹絷之狱中，至夜，老姥执所鬻茗器，从狱牖中飞出。"说明茶已经成为人们日常生活中很常见的一部分。

（六）隋唐时期

隋唐时期是茶文化兴起的时代，随着国家的统一、经济和文化的发展以及南北大运河的开通，经济和文化的交流越来越方便，茶也开始在全国范围内普及，茶在人们的生活中越来越常见。全国都开始种植茶树，正是这个时期，从日本来的僧侣将茶籽带回日本国内种植，饮茶方式也随之传到日本。在唐代的历史上，被誉为茶事史上影响力最大的三件事，其一是陆羽的《茶经》，其二是卢仝的《七碗茶歌》，其三是唐代开始征收茶税。

第一，陆羽的《茶经》及唐代煎茶法。

到了唐代，茶有了专用的“茶”字，在此之前，一直用“荼”字代替“茶”字。“自从陆羽生人间，人间相学事新茶。”茶圣陆羽的《茶经》问世，极大地推动了茶和茶文化的发展，《茶经》是第一部关于茶的专著，在《茶经》中，陆羽讲述了茶的起源、采制、烹饮，还介绍了茶具以及茶史。

到了隋唐时代，主要的饮茶方式是煎茶法。煎茶法又分为备茶、备火、备水、煮水、调盐、投茶、育华、分茶、饮茶等过程。

备茶。

凡炙茶，慎勿于风烬间炙，熛焰如钻，使凉炎不均。持以逼火，屡其翻正，候炮出培塿，状虾蟆背，然后去火五寸。卷而舒，则本其始又炙之。若火干者，以气熟止；日干者，以柔止。

其始，若茶之至嫩者，蒸罢热捣，叶烂而芽笋存焉。假以力者，持千钧杵亦不之烂，如漆科珠，壮士接之，不能驻其指。及就，则似无穰骨也。炙之，则其节若倪，倪如婴儿之臂耳。既而承热用纸囊贮之，精华之气无所散越，候寒末之。

炙茶不要在通风的环境中进行，这样容易使茶饼冷热不均。要靠近火，并且不停地翻动，将其烤得像蛤蟆的背一样布满小疙瘩，然后离开火约五寸远，等弯曲的茶又伸展开，再重新炙烤。如果茶是用火烤干的，那么要等到它冒热气；如果是太阳晒干的，就等到它柔软。

比较柔嫩的叶子，蒸后趁热将其捣烂，最好的状态是叶子捣烂了，但是茶芽和茶梗还是完整的。不会使力的人，即使拿很重的杵也捣不烂。这和壮士拿不住圆滑轻巧的漆树籽是一个道理。等到茶叶被完全捣烂，如同没有筋骨的黍杆，再用火烤，烤到就像婴儿的手臂一样柔软。然后再趁热用纸包好保存起来，不要让它的香气散发出去，等凉了以后再碾磨。

备火。

其火，用炭，次用劲薪。其炭曾经燔炙，为膻腻所及，及膏木、败器，不用之。古人有劳薪之味，信哉！

烤茶时，最好是用木炭，其次是用火力比较强的柴。那种烤过肉的或者沾染上腥膻油腻气味的炭以及含有油脂的木头和朽掉的器物，都不能用来烤茶，古人说这样烤制的茶有怪味，这是真的。

备水。

其水，用山水上，江水中，井水下。其山水，拣乳泉、石池漫流者上；其瀑涌湍漱，勿食之。久食，令人有颈疾。又多别流于山谷者，澄浸不泄，自火天至霜郊以前，或潜龙蓄毒于其间，饮者可决之，以流其恶，使新泉涓涓然，酌之。其江水，取去人远者。井水，取汲多者。

煮茶的水，最好是山水，其次是江水，最后是井水。选择山水的时候，乳泉、石池中慢流的水最好。奔涌湍急的水不要喝，喝了容易得颈部疾病。停蓄在山谷中的水，虽然清澈但是不流动，从热天到霜降前，或许有龙潜在其中，水中含有有毒物质，千万不要喝。可以先挖开一个小口让不好的水流出去，让新的泉水涓涓地流进来，然后再喝。取江河之水的时候，要远离人居住的地方取；取井水的时候，要从人多的地方汲取。

煮水。

其沸，如鱼目，微有声，为一沸；缘边如涌泉连珠，为二沸；腾波鼓浪，为三沸，已上，水老，不可食也。

水煮沸后，有鱼目大小的泡沫，并伴随着细微的声响，这就是“一沸”；锅的边缘有泡沫连珠似的往上冒，这就是“二沸”；等到水波翻腾，就是“三沸”。再继续煮，水就老了，不能用来煮茶了。

调盐、投茶、育华。

初沸，则水合量调之以盐味，谓弃其啜余，无乃䤈䀋而钟其一味乎，第二沸，出水一瓢，以竹荚环激汤心，则量末当中心而下。有顷，势若奔涛溅沫，以所出水止之，而育其华也。

水刚沸腾的时候，就按照水的量开始用盐调味，把剩下的水舀出来，不要因为味道淡而加过多的盐，否则，不就变成喜欢盐这种味道了吗？“二沸”的时候，舀出一瓢水，用竹荚在沸水中转圈搅动，用茶则量取茶末沿着旋涡中心倒入。过一会儿，水大开，水沫四溅，就把刚刚舀出的水倒回去，让水不要沸腾，以育其华。

分茶、饮茶。

凡酌，置诸碗，令沫饽均。沫饽，汤之华也。华之薄者曰沫，厚者曰饽，轻细者曰花。如枣花漂漂然于环池之上；又如回潭曲渚青萍之始生；又如晴天爽朗，有浮云鳞然。其沫者，若绿钱浮于水渭；又如菊英堕于樽俎之中。饽者，以滓煮之，及沸，则重华累沫，皤皤然若积雪耳。《荈赋》所谓“焕如积雪，烨若春敷”，有之。

第一煮水沸，而弃其沫，之上有水膜如黑云母，饮之则其味不正。其第一者为隽永，或留熟盂以贮之，以备育华救沸之用。诸第一与第二、第三碗次之。第四、第五碗外，非渴甚莫之饮。凡煮水一升，酌分五碗，乘热连饮之。以重浊凝其下，精英浮其上。如冷，则精英随气而竭，饮啜不消亦然矣。

把茶分到碗里的时候，要让各个碗中的沫饽均匀。沫饽，就是茶汤的精华。薄一些的叫做“沫”，厚一些的叫作“饽”，轻细的就是“花”。“花”就像枣花一样浮在环池上，又好像曲折的潭水、沙洲间新生的绿萍；又好像晴朗天空中的鳞状浮云。那“沫”，好像青苔浮于水面，又好像菊花落入杯中。那“饽”，煮茶渣滓的时候，沸腾起来，有很厚一层沫子，就好像白白的积雪一般。《荈赋》中所说的“明亮似积雪，光彩如春花”，真的是这样的。

第一次煮开的水，要将浮沫上面那层像黑云母一样的膜撇去，带着那层膜喝起来味道不好。此后的第一汤为“隽永”，可以把它放置在熟盂中，用作育华止沸之用。接下来的第一碗、第二碗、第三碗，味道略微差一些。第四碗、第五碗之后，如果不是渴得厉害，就不要喝了。烧一升水，分作五碗，一定要趁热喝。因为重的和浑浊的物质沉淀在下面，精华的浮在上面。等到茶冷了，精华就随着热气散去，喝得太多也不好。

第二，卢仝的《七碗茶歌》。

卢仝为唐代诗人、文学家，号玉川子，人们尊称其为“茶仙”，常将其与“茶圣”陆羽相提并论，而称其为茶亚圣。卢仝影响力至深的《七碗茶诗》并不是单独的一首诗，而是其诗作《走笔谢孟谏议寄新茶》中的节选。

公元812年，卢仝在扬州行商时恰逢新茶开采，其友赠送给他新制的新茶，卢仝如获至宝，迫不及待地煮水煎茶，由于茶的味道好，竟连喝七碗，借着茶兴，写下了千古绝唱《走笔谢孟谏议寄新茶》。

“一碗喉吻润”。第一碗茶喝下去的时候，感觉喉咙被滋润了，除了茶水本身带来的滋润感觉，浓郁茶香也让人回味无穷。

“二碗破孤闷”。第二碗茶破解了孤独和烦闷，哪怕是一个人喝茶，也没关系，茶就像一位老朋友，能排解孤寂，让人越来越畅快。

“三碗搜枯肠，唯有文字五千卷”。第三碗茶才入肚，就已经迫不及待地搜肠刮肚想尽一切美好的词汇来赞美这茶，恨不得写下文字五千卷来表达自己的感受。这碗茶激发了作者无尽的灵感。

“四碗发轻汗，平生不平事，尽向毛孔散”。第四碗茶喝完微微出了一些汗，平生的很多不如意，都随着这碗茶，和汗一起散发出去了。

“五碗肌骨清”。喝了第五碗茶，已经脱离了世俗的烦恼，心境已经到达了另一重境界，肌肤和筋骨仿佛都被涤荡干净，只让人感觉到神清气爽，宛若新生。

“六碗通仙灵”。第六碗茶饮下后，仿佛可以与神明对话，能够感知万物，是一种超越自然、逍遥自在的状态。

“七碗吃不得也，唯觉两腋习习清风生”。第七碗茶本是不应该喝的，喝完后顿觉腋下生风，好像要羽化升仙，离开人间。

卢仝用其极富想象力的诗歌描绘了饮下七碗茶的感受，自此之后，这首诗就受到了人们的喜爱，广为传颂。

宋代文学家苏轼曾的“何须魏帝一丸药，且尽卢仝七碗茶”、杨万里的“不待清风生两腋，清风先向舌端生”均表达了他们对卢仝的赞誉。宋代词人胡仔在《苕溪渔隐丛话》中是这样评价《七碗茶歌》的：“玉川之诗，优于希文之歌（即范仲淹《和章岷从事斗茶歌》），玉川自出胸臆，造语稳贴，得诗人句法。”还有文人墨客用诗歌表达了卢仝《七碗茶歌》的地位之高。明代诗人胡文焕曾写道：“我今安知非卢仝，只恐卢仝未相及。”清代的汪巢林则写道：“一瓯瑟瑟散轻蕊，品题谁比玉川子。”

《七碗茶歌》传至日本后，被尊为“煎茶道”始祖，地位之高，无出其右。日本还根据这七碗茶不同的感受，衍化出“喉吻润、破孤闷、搜枯肠、发轻汗、肌骨清、通仙灵、清风生”的日本茶道。

第三，征收茶税。

到了唐代中期，国家开始禁酒，茶逐渐成为替代酒的饮料走入寻常百姓家。《唐会要》中记载：“茶为食物，无异米盐。”可见茶的重要地位。与此同时，茶开始快速发展，形成了从山南、淮南到岭南等八大茶区，茶叶成了当时重要的经济作物，许多农民开始专门种植茶叶。比如，《元和郡县志》记载：“蒙山在县西十里，今每岁贡茶，为蜀之最。”《膳夫经手录》记载：“蜀茶得名蒙顶，于元和以前，束帛不能易一斤先春蒙茶。”“以是蒙山先后之人竞栽茶，以规厚利，不数十年间，遂斯安草市，岁出千万斤。”可见茶叶当时的种植规模之大，茶叶的贸易也越来越繁荣。

安史之乱后国家财政萎缩，当时的统治者将目光投向了日益繁荣的茶叶贸易上，“茶税”也应运而生。德宗时期，开始正式征收茶税，推行榷茶制，茶税很快成为国家重要的财政来源。《唐会要》中记载侍郎赵赞建议“诸道津要都会之所。皆置吏。计钱每贯税二十文。天下所出竹木茶漆。皆什一税之，充常平本钱”。元贞九年立茶税法，首次将茶叶作为独立商品开始征税，规定商人贩茶以“三等定估，十取其一”。

《唐会要》上有这样的记载："茶之有税。自此始也。"朝廷还设立了"盐茶道""盐铁使"等官职来管理茶税，茶税的比例也开始逐年增加，到唐宣宗时"天下税茶，增倍贞元"，茶税已经成为与盐税、铁税一样重要的税种。

（七）宋元时期

到了宋代，茶有了很大的发展，新的饮茶方式"点茶法"开始流行，人们对点茶的技艺和点茶的器具更加讲究，斗茶在当时成了一种风潮。整个茶文化中心开始南移，福建成为主要的种茶基地。同时，形成了以宫廷茶文化、文人茶文化、寺观茶文化、民间茶文化等为代表的茶文化，茶文化开始渗入社会的方方面面。

点茶所用的茶饼制作流程非常复杂，宋代的团茶造价高昂，且饮用起来也有不便。与团茶等紧压茶不同，这种松散的茶叶，被称为"草茶"或者"散茶"。到了元代时，民间的散茶开始流行开，出现了直接用开水冲泡茶叶的饮茶方式，元代学士叶子奇在其著作《草木子》中说道："民间止用江西末茶，各处叶茶。"这种饮茶方式为明代散茶的兴起奠定了基础。

（八）明清时期

明太祖朱元璋出身贫寒，生活十分简朴，他认为团茶的制作费工费时、劳民伤财，于是下令废制团茶，改制芽茶："诏建宁岁贡上供茶，罢造龙团，听茶户惟采芽茶以进，有司勿与。"从此，散茶迎来了它的春天，随着制作工艺的不断发展和改进，在绿茶的基础上，黄茶、红茶、黑茶、白茶、乌龙茶、红茶及花茶等茶类相继发展起来。泡茶法的改变，使得原有的茶器不再适用。因此，明代出现了"瀹饮法"，同时还出现了与之对应的紫砂茶器，紫砂茶器的制造最终形成了一门独立的艺术，成为明代茶文化的一个丰硕果实。

饮茶的步骤在这个时期也变得简单多了，采用沸水冲泡整茶叶的"瀹饮法"。同时，人们对茶的环境、茶的话题等要求更高了。与宋代热闹的茶宴之风不同，明代的茶会人数一般不多，追求"一人得神，二人得趣，三人得味"的饮茶情趣。人们一般选择清幽、远离世俗纷扰的地方作为饮茶的环境。因此，文人的茶会多设在山水之间，饮茶时，茶人谈论的也是一些高雅的话题，他们还喜欢在饮茶时作画。明代因此也留下了不少以茶事为主题的绘画，如陈洪绶的《品茶图》，沈周的《会茗图》《醉茗图》，丁云鹏的《煮茶图》，仇英的《试茶图》《陆羽烹茶图》等。明代戏曲家张大复对此评价："世人品茶而不味其性，爱山水而不会其情，读书而不得其意，学佛而不破其宗。"也就是说，品茶时，不要只追求茶的味道，而要通过品饮达到一种精神上的愉悦和超脱凡俗的心境。

清代茶文化在承袭明代茶文化的基础上，表现出了新的特点：一是饮茶方式较明代更加讲究，二是中国茶开始风靡世界，茶叶和茶文化开始向外输出。

清代的饮茶方式和茶器造型基本与明代相同，但是方式更讲究。清代初期，制茶的工艺就已经非常成熟，品类也很齐全，在清康熙年间，出现了专门饮茶用的盖碗。在清代的宫廷中，茶叶也不止清饮一种方式，出现了清饮和调饮（奶茶）并重的局面。这个时期，开始由文人主导的茶文化向平民主导的茶文化转变，具体表现在清代的茶馆遍布城乡，数量为历代之最，茶馆中的顾客各个阶层的人都有，这些茶馆在保持和传承茶文化中起到了重要的作用。

随着海外交通和国际贸易的发展，茶叶成为我国的主要出口商品，在清代中后期，茶叶出口量大增，成为我国茶文化向外传播和国际化的主要时期。18 世纪的茶叶出口量与 17 世纪相比增长了 400 多倍，茶叶产量显著增加，在鸦片战争期间，茶叶的产量达到了古代茶叶产量的巅峰。

（九）近代

新中国成立后，政府十分重视茶文化的发展。1949 年 11 月，成立了专门负责茶业事务的中国茶业公司。从此之后，茶叶在生产、加工、贸易、文化等多方面都得到了逐步的发展。随着茶及茶文化的蓬勃发展，各种社会团队也应运而生，1982 年第一个以弘扬茶文化为宗旨的社会团体"茶人之家"在杭州成立；1983 年"陆羽茶文化研究会"在湖北成立；1990 年"中国茶人联谊会"在北京成立；1991 年中国茶叶博物馆在杭州正式开放；1998 年中国国际和平茶文化交流馆建成；2017 年非遗宋代点茶研学基地开放，此外，各地茶艺馆越办越多。各省市及主产茶大县纷纷主办"茶叶节""茶文化节"等，第一届宋茶文化节于 2019 年举办，促进了当地经济贸易的全面发展。2020 年非遗宋代点茶传承驿站在全球 40 多个城市设立，多个与茶相关的场馆也相继开放。

二、点茶渊源和发展

（一）点茶渊源

点茶起源于唐代，是在唐代煎茶法基础上进发展而来的，煎茶法是在水“二沸”的时候加入茶末，待到“三沸”时茶煎成并饮用。古人由此联想到，既然水沸后加入茶叶可行，那么在茶叶中加入沸水应该也是可行的，于是发明了点茶。由于煎茶时的水温是逐渐增高的，而点茶时，水温是逐渐降低的，因此在点茶时加入了“熁盏”这一步，“熁盏”即先预热茶盏。点茶时，将茶碾磨成极细的茶粉，有助于茶叶中的有益物质快速地析出。煎茶时使用的竹荚演变为茶匙，再演变为茶筅，这样可以直接在茶盏中搅拌。同时，为了注水，发明了汤瓶这种高肩长流的煮水器。至此，汤瓶、茶筅、茶盏成为点茶中必不可少的器物。

从有关资料文献中可以发现，有关于点茶最早的完整记录出现在蔡襄的《茶录》中，他在这本书中完整地论述了对茶叶的辨别、保存、使用，还介绍了点茶的程序、技艺、品试以及各种点茶用具等。《茶录》分为上下篇，上篇论茶，分色、香、味、藏茶、炙茶、碾茶、罗茶、候汤、熁盏、点茶共十目；下篇论器，分茶焙、茶笼、砧椎、茶钤、茶碾、茶罗、茶盏、茶匙、汤瓶共九目。

点茶技艺兴盛于两宋时期，在当时属于全社会推崇的“时尚”饮茶之法。在当时，该技艺的最高标准为宋代皇室，宋徽宗曾著《大观茶论》辑录茶事。在他的推动下，茶文化和制茶技术得到了空前的发展。据《宣和北苑贡茶录》记载，贡茶在宋代极为盛行，多达40多种。

宋人在点茶时，对茶叶的品质、点茶的水质、器物、环境等要求极高，形成了“三点”与“三不点”原则。其中“三点”包括：其一为茶新、泉甘、器洁；其二为天气好、环境好；其三为有志同道合、风流儒雅的茶友。“三不点”包括：其一为茶不新、泉不甘、器不洁；其二为天气不好、环境不好；其三为品茶之人缺乏教养且举止不雅。

（二）点茶在当代的发展

在当代，重要的点茶文化活动及代表包括非遗径山茶宴、非遗南宋点茶及非遗宋代点茶。

第一，非遗径山茶宴。[1]

径山茶宴是杭州市余杭区径山万寿禅寺接待贵客上宾时的一种大堂茶会，是独特的以茶敬客的庄重传统茶宴礼仪习俗，是中国古代茶宴礼俗的存续。径山茶宴起源于唐朝中期，《余杭县志》有唐朝径山寺开山祖师法钦“佛供茶”条目，盛行于宋元时期，后流传至日本，成为日本茶道之源。

按照寺里传统，每当贵客光临，住持就在明月堂举办茶宴招待客人。径山茶宴从张茶榜、击茶鼓、恭请入堂、上香礼佛、煎汤点茶、行盏分茶、说偈吃茶到谢茶退堂，有十多道仪式程序，宾主或师徒之间用“参话头”的形式问答交谈，机锋偈语，慧光灵现。以茶参禅问道，是径山茶宴的精髓和核心。

径山茶宴堂设古雅，程式规范，主躬客庄，礼仪备至，依时如法，和洽圆融，蕴涵丰富，体现了禅院清规和礼仪、茶艺的完美结合，具有品格高古、清雅绝伦的独特风格，堪称中国禅茶文化的经典样式。

径山茶宴具有悠久的历史价值和丰富的文化内涵，以茶论道，禅茶一味，体现了中国禅茶文化的精神品格，丰富并提升了中国茶文化的内涵，具有学术研究价值。径山茶宴是日本茶道的渊源，对中日文化交流起到桥梁和纽带作用。径山茶宴对于近代“茶话会”礼仪的形成，对杭州地区民间饮茶礼仪习俗的存续都有重要影响，民俗学价值突出。可惜径山茶宴在径山已失传甚久，20世纪80年代以来，浙江茶界的有识之士试图恢复，举办了多次仿效径山茶宴的仪式。[2]

径山寺屡毁屡建，新中国成立后仅存大殿及孝宗御碑、明代永乐大钟、明代铁香炉。1983年以后，每年有日僧数批来寺朝拜寻宗。2008年，在余杭区政府、区统战部、区民族宗教局以及杭州市佛教协会的大力支持下，径山寺复建工程开始实施。2010年10月21日，径山寺复建工程奠基。[3]

2011年5月23日，经中华人民共和国国务院批准，径山茶宴被列入第三批国家级非物质文化遗产名录，项目编号为X –140。

---

[1] 节选自中国非物质文化遗产网—中国非物质文化遗产数字博物《径山茶宴》。

[2] 节选自网站浙江省人民政府地方志办公室—民俗风物《径山茶宴》。

[3] 节选自径山万寿禅寺官网《千年径山》。

第二，非遗南宋点茶。[1]

2012年，由国家级博物馆中国茶叶博物馆承担的“宋代点茶技艺和文人茶会复原”课题研究成果通过了杭州西湖风景名胜区管委会组织的专家验收。这一课题从2008年立项，历时三年在国内恢复了“点茶”这一重要的宋代茶礼。

据课题组成员、中国茶叶博物馆陈列资料部主任郭丹英介绍，他们恢复的宋人“点茶”之礼包括两方面内容，首先是仿制宋代团饼茶，将茶叶经过蒸、榨、研、模、圈、烘六道工艺，制成团饼茶，然后将团饼茶碾成茶末，用茶罗筛选出颗粒较细的茶末，再放到茶盏里注水，用特制的茶筅击拂。

宋代注重“文治”，是中国古代文明的高峰期，也是中国茶文化的兴盛期。郭丹英说，宋朝的文人雅士不但“点茶”，还要“斗茶”，讲究茶汤以白取胜，茶筅击拂茶汤产生的泡沫要能“咬盏不散”。最受欢迎的茶盏则是以“建盏”著称的产于福建建州的黑釉瓷盏，因为黑釉色更能衬托出白色的茶汤和泡沫。

“点茶”茶礼在元朝起就逐渐衰落，这一变化的关键是明太祖朱元璋体恤民力，认为制作团饼茶劳民伤财，下诏停止向宫廷进贡团饼茶而改贡散茶。这是中国茶叶史的重大转折，之后国人饮茶就以饮用散茶为主，今天我们抓一撮茶叶泡茶喝的习惯还要归功于朱元璋。

尽管“点茶”茶礼衰落已经有700余年，但宋人还是留下了与之相关的大量史料及书画作品。课题组系统梳理了这些史料和书画作品，仿制宋代团饼茶，复制宋代点茶茶器和宋代服饰。课题组复原的宋代文人茶会就是以南宋著名画家刘松年《撵茶图》为摹本，茶器则以南宋末年审安老人的《茶具图赞》中的茶具绘图为蓝本。宋代团饼茶的仿制工作则选用了新老两种龙井绿茶和安吉白茶。

2015年，南宋点茶成功申报为浙江省杭州市上城区非遗保护项目。

第三，非遗宋代点茶。

中国是茶的故乡，茶乃国饮。我国的饮茶之法先后经历唐代烹茶、宋代点茶、明清泡茶以及当代饮法几个阶段。宋代点茶最能承载中华茶道精神，被称为最美最雅茶事，是中国茶史上的璀璨明珠。到了明代，朱元璋下诏“废团兴散”，宋代点

[1] 节选自《宋人“点茶”技艺再现杭州》。

茶在中华大地上几近失传七八百年。但是点茶并没有消失，而是在南宋时传入日本，在日本发扬光大成为闻名世界的日本茶道。

《大观茶论》是研究宋代点茶的重要著作，其作者宋徽宗出生次年就被授为镇宁军节度使、封宁国公，后又以平江、镇江军节度使的身份被晋封为端王。镇江中泠泉被评为天下第一泉，宋代文人墨客慕名而来，吟诗品茗，北固山也成为宋词第一山。镇江地区因宋徽宗及厚重的宋代文化历史的缘由，与宋代点茶有着不解之缘，至今仍在镇江一带仍然使用“吃茶”这一说法。

为了传承宋代点茶，镇江地区在2019年以前已经举办了500多场点茶活动，在国内形成了巨大的影响力。2019年1月，宋代点茶被列入镇江市润州区非物质文化遗产名录。

在非遗宋代点茶团队的倡导下，全国掀起了点茶热，点茶被越来越多的人喜爱和认可。宋联可作为目前唯一的宋代点茶非遗传承人，先后代表中华点茶道传人，受到联合国前秘书长、博鳌亚洲论坛理事长潘基文，德国前总统、全球中小企业联盟主席克里斯蒂安·武尔夫及泰国亲王旺猜的接见，通过赠送点茶粉、点茶器以及点茶道表演，让世界重新认识中华茶道。省文旅、省侨联、省妇联等组织都对非遗宋代点茶给予关心，市各单位也纷纷给予支持。截至2021年9月，全国有相关报道500篇左右，其中包括《光明日报·两会特刊》《人民代表报·两会特刊》及人民日报网等权威媒体。

央视主持人朱迅、赵保乐对本书作者宋联可博士进行了专访，让大众的关注从点茶艺的表象转向点茶道的精神，进一步肯定了点茶在弘扬中华优秀传统文化方面做出的贡献。

非遗宋代点茶团队在全国，乃至全世界创造了无数个第一。作为唯一具有百年历史、五代以上传承的中华传统文化，点茶承载了悠久的历史，也担负着沉重的使命。

宋代点茶是中华茶道的重要代表，为了向全社会推广，规范点茶操作，在镇江市市场监督管理局鼓励与指导下，《非物质文化遗产点茶操作规范》于2020年1月开始推广使用。全国各地的茶人通过线上、线下的方式前来学习，学习的内容包括三才茶席、四象茶器、五行茶人、六识仪规、七汤点茶、八卦茶百戏等，非遗宋代点茶已经在全国范围内引起了关注。

非遗宋代点茶是中华优秀传统文化的代表，是中华茶文化中不可或缺的一环，弘扬点茶文化有助于我们树立文化自信。通过非遗传承，对宋代点茶的现实价值、历史价值、文化价值、经济价值的深入挖掘，对点茶这项传统技艺的完善来说都有着划时代的意义。

第二节　展销服务

高级点茶师在提供服务的时候，要能按照茶室的要求，初步设计和具体实施点茶展销会，因此，点茶师要具备点茶展示的活动常识。

点茶展销会是通过实物、文字、图像、表演等来展示点茶、文化、仪轨和产品的宣传形式。举办点茶展销会对于点茶的宣传有很大的帮助。

一、展销会的分类

展销会的分类方式很多，可以按照规模、地点、时长、内容、性质等进行分类。

第一，按照规模的大小分。

按照展销会规模的大小可以分为大型展销会、中型展销会、小型展销会。大型的展销会甚至可以举办世界级别的，一般这样的活动项目多、内容多，需要非常专业并且技术水平非常高的团体或组织才能办好；中型的展销会规模较大型的要小一些，通常以陈列会、展览的形式出现，一般会由一个组织牵头共同举办；小型的展销会包括橱窗展览、宣传栏展出等，场地小，内容少，持续的时间也短。

第二，按照展销会地点分。

按照展销会地点的不同可以分为室内展销会、室外展销会及巡回展销会。室内展销会在室内举行，不受天气的影响，可以展出一些较为精致、价值较高的展品，能够布置的装饰也比较多，但缺点是造价比较高；室外展销会在室外举行，布置简单，花费也较少，但容易受天气影响；巡回展销会是流动性的，可以利用移动的车辆来进行。

第三，按照展销会时长分。

按照展销会时长的不同可以分为长期展销会、定期更换内容的展销会以及一次性展销会。长期展销会的展览形式是固定的，如中国茶叶博物馆；定期更换内容的展销会根据需要定期更新内容；一次性展销会在一定时间内举行，举办完之后拆除展会。

第四，按照展销的内容分。

按照展销会的内容可以分为综合性的展销会和专题性的展销会。以点茶为例，综合性的展销会可以以各个时期为主题，介绍不同时期点茶的历史情况，一般要求展销会既要有概括性，又要有整体性，还要兼具形象，使观众参观后能获得完整的认识；专题性的展销会要求介绍某一专项的情况，不要求全面系统，但要求主题集中、内容详实有深度。

第五，按照展销性质分。

按照展销会的性质可以分为宣传性展销会和贸易性展销会。宣传性的展销会一般以图片、资料、实物、表演等为主要展出内容，举办活动的目的是让观众了解某一观点、内容、文化、成就等，通常不带有商业性质，如“点茶民俗展览会”。贸易性的展销活动是为了促进商品交易而举办的，会展出实物商品和新的技术，参展商会在现场布置商品广告，还会售卖商品。

接下来，我们介绍展销会的特点和作用。

第一，展销会有直观的传播效果。

一般展销会的展品以实物为主，再加上一些现场的示范或者表演，用精致的实物、生动的表演、动人的讲解、优美的音乐等吸引观众，有非常直观、生动、形象的传播效果。比如，举办点茶的展销会时，一般会摆放点茶器具、点茶粉等实物作为展品，由点茶师现场为观众表演点茶，同时，还有讲解员详细地讲解，并配有优美的背景音乐，为观众留下深刻的印象，从而达到预期的传播效果。

第二，展销会能够提供与观众直接对话的平台。

展销会能够为参展商和观众提供相互交流的平台，让双方就产品的作用、功能、改进方案等进行详细的交流，商家能够及时收集到顾客的意见和建议，顾客也能将自己发现的问题和想法及时告知商家，以便及时改进产品，从而让顾客获得更好的体验。这种沟通方式效率高、针对性强、收益高，对双方来说都非常有意义。

第三，展销会能为从业者提供沟通和交流的机会。

一般来说，具有一定规模的展销会都能聚集起一批从事相同行业的人士和上下游客户，在展销会期间，有助于这些人面对面交流，为行业的发展提供便利和帮助。同时，上下游客户的直接沟通也有助于订单的达成。

第四，展销会具有新闻传播价值。

展销会和展销内容本身就非常具有新闻价值，能够吸引一些新闻媒体记者采访报道，从而造成一定量的传播。很多展销会的主办方会利用这一点在活动举办期间加大宣传力度，从而提高活动的知名度和信誉度。现如今，随着新闻传播方式的多样化，每位拥有智能手机的观众都能作为“记者”利用微博、抖音直播等线上平台“报道”并宣传现场情况。这些展销会的主办方也会顺势制造一些“网红”项目，吸引顾客前来“打卡”。在展销会举办期间，虽然只有部分观众前来参观，但是展销会却能产生话题在大众之间传播，从而造成更多影响力。

二、展销会的组织

在展销会开始之前，还有一些准备工作需要完成。

第一，做好可行性和必要性分析。

点茶师在准备举办展销会之前，要对活动的可行性和必要性进行分析，对有可能发生的问题进行预演，以便更好、更顺利地开展活动。要确认展销会的主办方、承办方等参展人员，实现精确计算对展销会的投入及产出，确认活动有必要且可以开展后，再开始筹备展销会。必要时，需要出具一份可行性和必要性的报告，以说服相关人员和单位。

第二，明确展销会的主题和目的。

在举办展销会之前，首先要明确展销会的主题和目的，只有明确了主题和目的，才能进行更有针对性的准备工作。比如，点茶师在为茶室设计展销会时，首先要明确茶室举办这次展销会的主题是什么，要达成什么样的目的？是为了推广新品，还是为了提高茶艺馆的人气，抑或是为了处理积压的库存商品？

第三，确定参展的人员和单位。

一些大型的展销会，需要邀请多家参展商前来参展。点茶师要根据展销会的性质向相关单位发送邀请函，要注意在邀请函中注明展销会的主题、类型、要求以及费用预算等，并明确发送回执的时间。此后要及时收集回执，预估展销会的参加人数，以便在接下来的会务工作中提前做好物料准备。

第四，选择展览场地。

展览场地的选择很重要，如果是大型的展览活动，首要考虑展览场地周边的交通情况。比如，交通是否便利，参加展会的参展商及观众是否容易寻找，参会人员进场后停车是否方便等。还要考虑场地的大小、品质、配套设备等，确认是否适合举办此次展览活动。如果是一些以促销为主要目的的展销会，还要考虑场地周边的环境是否与活动品类相符合，周围的人群中是否有目标用户等。比如，举办点茶茶器的展销会，适合在一些文化氛围较浓的商圈附近开展，这样才能吸引更多的目标用户。

第五，构思展览结构，完成制作设计。

要为展销会出具展览大纲，并安排工作人员根据展览大纲收集实物及有关资料，还需撰写脚本提供给相关设计工作室。由设计师、摄影师、美术师等完成设计、排版、绘制、出样等流程，再由制作组的工作人员完成具体的加工和装裱等工作。

第六，培训展销会的工作人员。

在展销会开展期间，工作人员的素质对展销会的形象会产生很大的影响。因此，在展销会开始前，要做好对展会工作人员的培训工作。要求他们至少做到三点：其一，仪表端庄，服装统一，妆容大方，手部洁净；其二，讲文明、懂礼貌，善于沟通和交际；其三，具备一定的专业知识，能在观众咨询的时候，提供相关解决方案。

第七，准备辅助资料及设备。

准备好展销会的纪念品、说明书、目录表、传单等物料，以便需要时可以随时发放。落实好休息室、接待室、停车场地，设置服务台、咨询处和签到处。

第八，做好宣传报道并进行经验总结。

设立专门的新闻媒体联络处，负责与新闻媒体人员的对接，及时发布展览活动相关消息，做好与新闻媒体的沟通工作，及时准备好新闻通稿，利用新闻媒体扩大整个展览活动的影响力。活动结束后，进行经验总结，及时听取参展商、观众的意见和建议，以便下次更好地开展此类活动。

附录

点茶技能等级评价标准

1. 范围

本标准规定点茶技能等级评价的术语与定义、技能要求、评价标准。

本标准适用于点茶技能等级评价。

2. 规范性引用文件

下列文件对于本文件的应用是必不可少的。凡是注日期的引用文件，仅所注日期的版本适用于本文件。凡是不注日期的引用文件，其最新版本（包括所有的修改单）适用于本文件。

国家职业技能标准 – 茶艺师职业编码 :4–03–02–07

GB/T 34778–2017 抹茶

DB3211/T 1011–2019 非物质文化遗产保护点茶操作规范

3. 技能概况

3.1 技能名称

点茶技能。

3.2 相关定义

点茶技能是指运用点茶原料与点茶器具等，在室内或户外准备、制作、演示、呈现、介绍等点茶的技能。

3.3 技能等级

本技能共设五个等级：五级、四级、三级、二级、一级。

3.4 环境条件

室内，常温，无异味。

3.5 能力特征

具有良好的语言表达能力，一定的人际交往能力，较好的形体知觉能力与动作协调能力，色觉、嗅觉和味觉等感官敏感性好。

3.6 普通受教育程度

初中毕业及以上，或相当文化程度。

3.7 技能等级评价要求

3.7.1 申报条件

具备以下条件可申报五级：

（1）取得茶艺师五级 / 初级工职业资格证书。

（2）累计从事本工作或相关工作 1 年（含）以上。

具备以下条件可申报四级：

（1）取得茶艺师四级 / 中级工职业资格证书。

（2）取得本技能五级技能证书后，累计从事本工作或相关工作 1 年（含）以上。

具备以下条件可申报三级：

（1）取得茶艺师三级 / 高级工职业资格证书。

（2）取得本技能四级技能证书后，累计从事本工作或相关工作 2 年（含）以上。

具备以下条件可申报二级：

（1）取得茶艺师二级 / 技师职业资格证书。

（2）取得本技能三级技能证书后，累计从事本工作或相关工作 4 年（含）以上。

具备以下条件可申报一级：

（1）取得茶艺师一级 / 高级技师职业资格证书。

（2）取得本技能二级技能证书后，累计从事本工作或相关工作 4 年（含）以上。

3.7.2 评价方式

分为理论知识考试、实操考核以及综合评审，平时成绩为重要参考依据。理论知识考试以笔试、机考等方式为主，主要考核从业人员从事本工作应掌握的基本要求和相关知识要求；实操考核主要采用现场操作、模拟操作等方式进行，主要考核从业人员从事本工作应具备的实操水平；综合评审主要针对二级和一级，通常采取审阅申报材料、提交论文、现场答辩等方式进行全面评议和审查。

理论知识考试、实操考核和综合评审均实行百分制，成绩皆达60分（含）以上者为合格。

3.7.3 监考人员、考评人员与考生配比

理论知识考试中的监考人员与考生配比不低于1 ∶ 15，且每个考场不少于2名监考人员；实操考核中的考评人员与考生配比为1 ∶ 3，且考评人员为3人（含）以上单数；综合评审委员为3人（含）以上单数。

3.7.4 评价时间

理论知识考试时间为90min；实操考核时间：五级、四级、三级不少于20min，二级、一级不少于30min；综合评审时间不少于20min。

3.7.5 评价场所设备

理论知识考试在标准教室内进行；实操考核在采光及通风条件良好的室内进行，要求常温无异味，室内应有点茶原料、点茶主要用具、音响和投影仪等相关辅助用品。

4. 基本要求

4.1 工作道德

4.1.1 工作道德基本知识

4.1.2 工作守则

（1）热爱专业，忠于职守。

（2）遵纪守法，文明经营。

（3）礼貌待客，热情服务。

（4）真诚守信，一丝不苟。

（5）钻研业务，精益求精。

（6）品德端正，致清导和。

4.2 基础知识

4.2.1 点茶文化基本知识

（1）中华茶历史。

（2）中华茶文化。

（3）点茶历史。

（4）点茶文化。

（5）宋代点茶文化。

4.2.2 点茶原料知识

（1）茶叶基本知识。

（2）点茶原料加工工艺及特点。

（3）点茶原料品质鉴别知识。

（4）点茶原料储存方法。

（5）点茶原料产销概况。

4.2.3 点茶器具知识

（1）茶器具基本知识。

（2）点茶具知识与文化。

（3）点茶器知识与文化。

（4）点茶器具配置原则与方案。

（5）点茶器具使用。

4.2.4 点茶用水知识

（1）点茶与用水的关系。

（2）点茶用水的分类。

（3）点茶用水的选择方法。

（4）侯汤要点。

4.2.5 点茶技艺基本知识

（1）品饮要义。

（2）点茶分类。

（3）点茶技巧。

（4）茶点选配。

4.2.6 点茶与健康及科学饮茶

（1）点茶原料主要成分。

（2）点茶与健康的关系。

（3）科学饮茶常识。

4.2.7 食品与点茶营养卫生

（1）食品与点茶原料卫生基础知识。

（2）饮食业食品卫生制度。

4.2.8 劳动安全基本知识

（1）安全生产知识。

（2）安全防护知识。

（3）安全生产事故报告知识。

4.2.9 相关法律、法规知识

（1）《中华人民共和国劳动法》相关知识。

（2）《中华人民共和国劳动合同法》相关知识。

（3）《中华人民共和国食品安全法》相关知识。

（4）《中华人民共和国消费者权益保护法》相关知识。

（5）《公共场所卫生管理条例》相关知识。

5. 技能要求

本标准对五级、四级、三级、二级、一级技能水平的实操要求和知识要求依次递进，高级别涵盖低级别的要求。

5.1 五级

技能功能	内容	实操要求	知识要求
1. 接待准备	1.1 仪表准备	（1）能按照点茶服务礼仪要求进行着装、佩戴饰物； （2）能按照点茶服务礼仪要求修饰面部、手部； （3）能按照点茶服务礼仪要求修整发型、选择头饰； （4）能按照点茶服务礼仪要求规范站姿、坐姿、走姿、蹲姿。	（1）点茶师服饰、配饰基础知识； （2）点茶师容貌修饰、手部护理常识； （3）点茶师发型、头饰常识； （4）点茶师形体礼仪基本知识。
	1.2 点茶空间准备	（1）能主动热情接待服务客人； （2）能清洁点茶空间环境卫生； （3）能清洗消毒点茶器具； （4）能配合调控点茶空间内的灯光、音响等设备； （5）能操作消防灭火器进行火灾扑救。	（1）点茶师岗位职责和服务流程； （2）点茶空间环境卫生要求知识； （3）点茶器具消毒洗涤方法； （4）灯光、音响设备使用方法； （5）消防灭火器的操作方法。

续表

技能功能	内容	实操要求	知识要求
2. 茶艺服务	2.1 点茶备器	（1）能区分点茶原料品质； （2）能根据茶单选取点茶原料； （3）能选择并正确使用点茶器具； （4）能选择和使用备水、烧水器具。	（1）区分点茶原料品质知识； （2）茶单基本知识； （3）点茶器具的种类和使用方法； （4）安全用电常识和备水、烧水器具的使用规程。
	2.2 单饮点茶演示	（1）能确定点茶的茶水比例； （2）能正确掌握点茶水温； （3）能正确使用点茶器具点茶； （4）能介绍点茶的品饮方法。	（1）点茶操作茶水比要求及注意事项； （2）点茶水温及操作注意事项； （3）点茶操作技艺； （4）点茶基本知识。
3. 茶间服务	3.1 茶饮推介	（1）能运用交谈礼仪与宾客沟通，有效了解宾客需求； （2）能根据点茶原料特性推荐茶饮。	（1）交谈礼仪规范及沟通艺术； （2）点茶原料成分与特性基本知识。
	3.2 商品销售	（1）能向宾客销售点茶原料； （2）能向宾客销售基本点茶器具； （3）能完成点茶原料、点茶器具的包装； （4）能承担售后服务。	（1）点茶原料销售基本知识； （2）点茶器具销售基本知识； （3）点茶原料、点茶器具包装知识； （4）售后服务知识。

5.2 四级

技能功能	内容	实操要求	知识要求
1. 接待准备	1.1 礼仪接待	（1）能按照茶事服务要求导位、迎宾； （2）能根据点茶礼仪进行接待。	（1）接待礼仪与技巧基本知识； （2）点茶接待礼仪基本知识。
	1.2 点茶室布置	（1）能根据点茶空间特点合理摆放器物； （2）能合理摆放点茶空间装饰物品； （3）能合理陈列点茶空间商品； （4）能根据宾客要求有针对性地选配器物。	（1）点茶空间布置基本知识； （2）点茶空间器物配放基本知识； （3）点茶空间销售商品的搭配知识； （4）点茶空间商品陈列原则与方法。
2. 茶艺服务	2.1 点茶配置	（1）能识别点茶原料种类； （2）能鉴别点茶器具的品质； （3）能根据点茶空间需要布置点茶工作台。	（1）点茶原料品质和等级的判定方法； （2）常用点茶器具质量的识别方法； （3）点茶席的布置方法。
	2.2 分享点茶演示	能展示、分享生活点茶。	不同类型的生活点茶。
3. 茶间服务	3.1 茶品推介	（1）能合理搭配茶点并予以推介； （2）能根据所点茶原料解答相关问题。	（1）点茶茶点搭配知识； （2）答宾客咨询点茶的相关知识及方法。
	3.2 商品销售	（1）能销售、定制名家点茶器具； （2）能根据宾客需要选配家庭点茶空间用品； （3）能为点茶坊等经营场所选配并向其销售相关商品。	（1）名家点茶器具源流及特点； （2）家庭点茶空间用品选配基本要求； （3）点茶坊商品选配知识。

5.3 三级

技能功能	内容	实操要求	知识要求
1. 接待准备	1.1 仿宋礼仪接待	（1）能使用英语与外宾进行简单问候与沟通； （2）能按照服务接待要求接待特殊宾客； （3）能用仿宋礼仪接待。	（1）礼仪接待英语基本知识； （2）特殊宾客服务接待知识； （3）仿宋礼仪知识。
	1.2 茶事准备	（1）能鉴别点茶原料品质高低； （2）能鉴别仿古末茶、抹茶、茶粉； （3）能识别常用瓷、陶点茶器具的款式及质量； （4）能识别常用木、金属、漆、布等点茶器具的款式及质量。	（1）点茶原料品评的方法及质量鉴别； （2）仿古末茶、抹茶、茶粉鉴别方法； （3）瓷、陶点茶器具的款式及特点； （4）木、金属、漆、布等点茶器具的款式及特点。
2. 茶艺服务	2.1 点茶席设计	（1）能根据不同题材，设计不同主题的点茶席； （2）能根据不同主题设计点茶席。	（1）点茶席基本原理知识； （2）点茶席器物配置基本知识。
	2.2 点茶展演	（1）能按照点茶展演要求布置演示台，选择和配置适当的插花、焚香、茶挂； （2）能选择点茶展演服饰； （3）能选择点茶展演合适的音乐； （4）能组织、演示点茶并介绍其文化内涵。	（1）点茶展演布置及插花、焚香、茶挂基本知识； （2）点茶展演与服饰相关知识； （3）点茶展演与音乐相关知识； （4）点茶演示组织与文化内涵阐述相关知识。
3. 茶间服务	3.1 点茶推介	能介绍点茶渊源、发展等知识。	点茶渊源、发展知识。
	3.2 营销服务	能按照点茶坊要求，初步设计和具体实施点茶展销活动。	点茶展示活动常识。

5.4 二级

技能功能	内容	实操要求	知识要求
1.点茶坊创意	1.1点茶坊规划	（1）能提出点茶坊选址的建议； （2）能提出不同特色点茶坊的定位建议； （3）能根据点茶坊的定位提出整体布局的建议。	（1）点茶坊选址基本知识； （2）点茶坊定位基本知识； （3）点茶坊整体布局基本知识。
	1.2点茶坊布置	（1）能根据点茶坊的布局，分割与布置不同的区域； （2）能根据点茶坊的风格，布置陈列柜和服务台； （3）能根据点茶坊的主题设计，布置不同风格的点茶品鉴区。	（1）点茶坊不同区域分割与布置原则； （2）点茶坊陈列柜和服务台布置常识； （3）品鉴区风格营造基本知识。
2.茶事活动	2.1点茶宴展演	能进行点茶展演。	点茶展演基本知识。
	2.2点茶宴组织	（1）能策划中、小型点茶宴； （2）能设计点茶宴活动的实施方案； （3）能根据点茶宴的类型进行茶会组织； （4）能主持各类点茶宴。	（1）点茶宴类型知识； （2）点茶宴设计基本知识； （3）点茶宴组织与流程知识； （4）主持点茶宴基本技巧。

续表

技能功能	内容	实操要求	知识要求
3.业务管理（茶事管理）	3.1服务管理	（1）能制定点茶坊服务流程及服务规范； （2）能指导低级别点茶师； （3）能对点茶师的服务工作进行检查指导； （4）能制定点茶坊服务管理方案并组织实施； （5）能提出并策划点茶展演活动的实施方案； （6）能对点茶坊所售商品进行质量检查； （7）能对点茶坊的安全进行检查与改进； （8）能处理宾客诉求。	（1）点茶坊服务流程与管理知识； （2）点茶师培训知识； （3）点茶坊各岗位职责； （4）点茶坊庆典、促销活动设计知识； （5）点茶展演活动方案撰写方法； （6）所售商品质量检查流程与知识； （7）点茶坊安全检查与改进要求； （8）宾客投诉处理原则及技巧常识。
	3.2点茶道传承	（1）能制订并实施点茶师培训计划； （2）能组织点茶师进行培训教学工作； （3）能组建点茶展演队伍； （4）能训练点茶展演队伍。	（1）点茶师培训计划的编制方法； （2）点茶师培训教学组织要求与技巧； （3）点茶展演队伍组建知识； （4）点茶展演队伍常规训练安排知识。

5.5 一级

技能功能	内容	实操要求	知识要求
1.茶饮服务	1.1品评服务	（1）能根据宾客需求提供不同茶饮； （2）能对传统茶饮进行创新和设计； （3）能品鉴点茶的质量优次和等级。	（1）茶叶审评知识的综合运用； （2）点茶品鉴知识的综合运用。
	1.2服务	（1）能根据宾客需求向宾客介绍茶健康知识； （2）能配制适合宾客健康状况的茶饮； （3）能根据宾客健康状况，提出茶预防、养生、调理的建议。	（1）茶健康基础知识； （2）保健茶饮配制知识； （3）茶预防、养生、调理基本知识。
2.茶事创作	2.1点茶宴编创	（1）能根据需要编创不同类型、不同主题的点茶展演； （2）能根据点茶展演的需要进行舞台美学及服饰搭配； （3）能用文字阐释所编创点茶的文化内涵，并能进行解说。	（1）点茶展演编创知识； （2）点茶美学知识与实际运用； （3）点茶展演编创写作与茶艺解说知识。
	2.2斗茶会组织	（1）能策划、设计不同类型的斗茶会； （2）能组织各种大型斗茶会。	（1）斗茶会的不同类型与创意设计知识； （2）大型斗茶会创意设计基本知识。
3.业务管理（茶事管理）	3.1经营管理	（1）能制订并实施点茶坊经营管理计划； （2）能制订并落实点茶坊营销计划； （3）能进行成本核算，对茶饮与商品进行定价； （4）能拓展点茶坊茶点、茶宴、斗茶会业务； （5）能创意策划点茶坊的文创产品； （6）能策划与点茶坊衔接的其他茶事活动。	（1）点茶坊经营管理知识； （2）点茶坊营销基本法则； （3）点茶坊成本核算知识； （4）茶点、茶宴、斗茶会知识； （5）文创产品基本知识； （6）茶文化旅游基本知识。

续表

技能功能	内容	实操要求	知识要求
3.业务管理（茶事管理）	3.2人员培训	（1）能完成点茶师培训工作并编写培训讲义； （2）能对点茶师进行指导； （3）能策划组织点茶坊全员培训； （4）能撰写点茶坊培训情况分析与总结报告； （5）能撰写茶业调研报告与专题论文。	（1）点茶师培训讲义编写要求知识； （2）点茶师指导基本知识； （3）点茶坊全员培训知识； （4）点茶坊培训情况分析与总结报告写作知识； （5）茶业调研报告与专题论文写作知识。

6. 权重表

6.1 理论知识权重表

项目		五级(%)	四级(%)	三级(%)	二级(%)	一级(%)
基本要求	职业道德	5	5	5	3	3
	基础知识	45	35	25	22	12
知识要求	接待准备	15	15	15	–	–
	茶艺服务	25	30	40	–	–
	茶间服务	10	15	15	–	–
	点茶坊创意	–	–	–	20	–
	茶饮服务	–	–	–	–	20
	茶事活动	–	–	–	35	–
	茶事创作	–	–	–	–	40
	业务管理(茶事管理)	–	–	–	20	25
合计		100	100	100	100	100

续表

6.2 实操要求权重表

项目		五级 (%)	四级 (%)	三级 (%)	二级 (%)	一级 (%)
实操要求	接待准备	15	15	20	–	–
	茶艺服务	70	70	65	–	–
	茶间服务	15	15	15	–	–
	点茶坊创意	–	–	–	20	–
	茶饮服务	–	–	–	–	20
	茶事活动	–	–	–	50	–
	茶事创作	–	–	–	–	45
	业务管理（茶事管理）	–	–	–	30	35
合计		100	100	100	100	100

非物质文化遗产　点茶操作规范

1. 范围

本标准规定了非物质文化遗产点茶的术语和定义、操作要求等。

本标准适用于非物质文化遗产点茶的操作。

2. 规范性引用文件

下列文件对于本文件的应用是必不可少的。凡是注日期的引用文件，仅所注日期的版本适用于本文件。凡是不注日期的引用文件，其最新版本（包括所有的修改单）适用于本文件。

GB 5749 生活饮用水卫生标准

GB 14934 食品安全国家标准消毒餐饮具

3. 术语和定义

下列术语和定义适用于本标准。

3.1 **点茶粉** Dian Cha Powder

以符合食品安全国家标准的茶叶为原料，经研磨加工工艺制成细度 100 目以上的产品。

3.2 **茶盏** Tea Bowl

用于盛放茶汤的点茶用具。

3.3 **茶筅** Tea Whisk

用竹子制成的一端多穗、另一端平整的烹茶工具。

3.4 **点茶** Dian Cha

将点茶粉投入茶盏中，以饮用水冲点，用茶筅快速击打，使点茶粉与水充分交融，在茶汤表面留存大量沫饽的过程。

3.5 调膏 Tiao Gao

将点茶粉投入茶盏后，加入适量沸水，用茶筅将点茶粉搅拌至黏稠状的过程。

3.6 击拂 Blow Brushed 茶

筅在茶盏中快速移动，能使点茶粉与水交融并产生大泡沫的手法为“击”；茶筅缓慢划动，使泡沫变小、变密，形成粥面的手法为“拂”。击拂是击和拂的连贯动作。

3.7 旋点 Spin

五指抓握茶筅，以手腕为中心，在茶汤中沿盏壁画圆的手法。

3.8 成汤量 Tea Water Volume

点茶全程结束时，茶盏中最终形成的茶汤体积。

3.9 沫饽 Mo Bo

茶汤表面产生的泡沫状浮沫。

3.10 咬盏 Yao Zhan

茶汤表面沫饽持久，可以吸附在盏壁上较长时间不散的现象。

3.11 水痕 Shui Hen

茶汤沫饽快速消散，并露出水面痕迹的现象，又称水脚。

3.12 乳点 Ru Dian

在点茶粥面形成的类似乳头形状的沫饽。

4. 操作要求

4.1 点茶前准备

4.1.1 将符合 GB 2762、GB 2763 规定的茶叶制成点茶粉。

4.1.2 使用符合 GB 14934 规定的茶具，选用成汤量 1.2 倍 ~5 倍茶盏为宜，选用 150m~1100ml 茶瓶为宜。

4.1.3 使用符合 GB 5749 规定的水温 50℃以上生活饮用水。

4.2 清洗茶具

往茶盏中注入沸水至盏沿下 2cm。将茶筅放入茶盏中 1min 以上。取出茶筅，将水倒出、沥干。

4.3 投粉

按照点茶粉量与成汤量比例 1g:50ml~200ml，用茶匙将点茶粉投入茶盏。

4.4 调膏

往茶盏内倒入成汤量 5% 的水，用茶筅沿同一方向旋点，至点茶粉全部溶解，成胶状物。时间不少于 10s，频率 60 次 /min 以上。

4.5 出沫

沿盏壁注水一圈，注水量为成汤量 20% 的水；用茶筅沿同一方向旋点，用力击拂至出现沫浡，时间不少于 40s，频率不少于 60 次 /min。

4.6 增沫

沿盏壁倒入成汤量 20% 的水，使用茶筅围绕盏心，沿同一方向旋转画圆，时间不少于 60s，频率不低于 100 次 /min。

4.7 拂面

沿盏壁倒入成汤量 10% 的水，在汤面浅层轻拂，沿同一方向旋点，时间不少于 5s，频率不高于 60 次 /min。

4.8 调沫

沿盏壁倒入成汤量 10% 的水。观察茶面，如未出现大量沫饽，用茶筅沿同一方向，在不同水平面上击拂以产生大量沫饽；如出现大量沫饽，用茶筅沿同一方向，在不同水平面上旋点收敛凝聚茶面，调至细密。时间不少于 60s，频率不低于 100 次 /min。

4.9 修面

沿盏壁倒入成汤量 15% 的水，用茶筅沿同一方向旋点、击拂，击拂范围逐渐缩小，使茶面上沫饽乳点突出凝结。时间不少于 10s，频率不低于 80 次 /min。

4.10 匀汤

沿盏壁倒入成汤量 20% 的水，用茶筅沿同一方向旋点，搅拌均匀，减少水痕，使之咬盏。时间不少于 10s，频率不低于 80 次 /min。

茶汤点茶法（修订）

国作登字 –2020–L–01213338.2020.

一、原料

1. 绿茶

绿茶属不发酵茶。

清汤绿叶。

绿茶可以分为晒青、烘青、蒸青和炒青四种。

绿茶是人类制茶史上最早出现的加工茶。中国生产的茶叶约有 70% 是绿茶。1959 年评选的“十大名茶”中，绿茶占了六席，分别是：西湖龙井、碧螺春、黄山毛峰、庐山云雾、信阳毛尖、六安瓜片。

2. 黄茶

黄茶属轻发酵茶。

黄汤黄叶。

按照鲜叶采摘的老嫩程度不同，分为黄芽茶、黄小茶、黄大茶三种。

黄芽茶较为常见：全芽，如湖南的君山银针、四川的蒙顶黄芽、安徽的霍山黄芽。

3. 红茶

红茶属全发酵茶。

干茶色泽乌黑油亮，有些带金毫，汤色橙黄或橙红或红艳明亮，叶底红艳明亮。

发酵是红茶加工中的关键工序。有小种红茶、功夫红茶与红碎茶之分。

小种红茶：如正山小种，不仅是中国红茶的始祖，也是世界红茶的始祖。

4. 白茶

白茶属微发酵茶。

干茶外表满披白毫，泡出的茶汤呈象牙色。

萎凋是白茶制作的关键工艺。近些年，白茶在中国茶友间流行起来。白茶原产地，政府和业界认定的包括福鼎、政和两地。

民间认为白茶三年是宝，五年是药，长时间陈放后的白茶滋味越趋醇厚，汤色趋于黄色或橙色。

5. 青茶

青茶是半发酵茶。

叶底绿叶红镶边，高香，兼具绿茶的清香和红茶的醇厚。

做青是青茶加工中的关键工序。做青过程中鲜叶的香气有了复杂而丰富的变化，原本的青味逐渐向花香、果香、蜜香转变，因此青茶多具高香。

6. 黑茶

黑茶为后发酵茶。

干茶色泽黑褐油润，汤色褐黄或褐红，滋味醇无苦涩。

渥堆是黑茶加工中的关键工艺。大量苦涩的物质转化为刺激性小、苦涩味弱的物质，水溶性糖和果胶增多，形成黑茶的特有品质。

黑茶中最著名的当属普洱熟茶，此外，近年来湖南的安化黑茶、广西的六堡茶也逐渐受到茶友的热捧。

7. 再加工茶

再加工茶是在六大茶类的基础上进一步加工而成。

（1）花茶：用茶叶和花进行拼配和熏制，茶叶吸收花香而制成的香茶，亦称熏花茶，如茉莉花茶。

（2）紧压茶：各种散茶经过再加工制成一定形状的茶叶，如黑茶紧压茶。

（3）萃取茶：各种速溶茶。

（4）果味茶：如柠檬红茶。

（5）保健茶：有药用保健功效的茶，如减肥茶、绞股兰茶。

（6）茶饮料：如茶可乐、牛奶红茶等。

二、泡茶汤

1. 绿茶

茶叶用量：每克茶用水量约为50~60毫升。

泡茶水温：80~95 摄氏度为宜。

时间与次数：泡 2~3 分钟，一般泡 2~3 次为宜。

2. 红茶

茶叶用量：每克茶用水量约为 50~80 毫升。

泡茶水温：90~100 摄氏度为宜。

时间与次数：第一泡约 5 秒出汤，其后每泡增加时间，一般泡 2~3 次为宜。

3. 青茶

茶叶用量：紧结半球形，用茶量约壶的二三成；松散的条索形，用茶量约壶的八成。

泡茶水温：100 摄氏度为宜。

时间与次数：茶类不同冲泡时间也有差异，一般泡饮 5~6 次，仍然余香犹存。

4. 白茶

茶叶用量：每克茶用水量约为 50~60 毫升。

泡茶水温：当年茶 85~95 摄氏度为宜，陈茶 90~100 摄氏度为宜。

时间与次数：泡几分钟，白茶一般可冲泡 4~5 次。

5. 黄茶

茶叶用量：每克茶用水量约为 50~60 毫升。

泡茶水温：80~95 摄氏度为宜。

时间与次数：泡 2~3 分钟，一般泡 2~3 次为宜。

6. 黑茶

茶叶用量：用茶量约壶的三四成。

泡茶水温：100 摄氏度为宜。

时间与次数：第一二泡洗茶，其后冲泡饮用，一般可冲泡数次。

7. 煮茶

可以煮的茶，建议通过煮的方式制作茶汤，用于点茶效果一般更好。

三、点茶汤

1. 点茶用具

（1）茶盏、茶碗。

（2）茶筅、箸或匙等。

（3）汤瓶。

（4）茶合、茶匙（带架）、水盂、茶巾等。

（5）其他茶器：当代泡茶所使用的茶器。根据茶叶种类，按当代泡茶法准备相关茶器。

2. 点茶法

（1）洗茶器。用干净水清洗需使用的各类茶器，备用。正式开始点茶前，对需要的茶器进行温杯洁具。

（2）泡茶汤。根据选择的茶类，按当代泡茶的方法，泡茶汤。一般选用第二汤，浓度比平时品饮略浓一些。可以选用煮的茶汤，效果更好。

（3）注茶汤。将泡好或煮好的茶汤倒入茶碗中。注入容量为整个茶碗的四成为宜，可以更少，但要可以运筅；可以更多，但在运筅时茶汤要不易溅出茶碗。

（4）点茶汤。将筅放入茶汤中，快速移动。移动方式可以前后，画 W、N 或 Z 等，也可以画同心圆，直至出现大量沫饽。最后可以通过画圆手法让沫饽更细腻，汤面更平滑，沫饽更凝结。

（5）品茶汤。先看茶汤，再嗅茶汤，再品茶汤。个人品饮，可端茶碗品饮；多人品饮，用茶勺分到各自品杯中品饮。

四、斗茶汤

1. 品鉴标准

（1）健康。必须符合品饮的各类食品级标准。

（2）沫饽颜色。优先等级依次为：纯白、青白、灰白、黄白、红白、褐白。不带任何白色的不是点茶汤。

（3）沫饽量。优先等级依次为：汹涌、多、一般、少、无。

（4）沫饽粗细。优先等级依次为：粥面、浚霭、轻云、蟹眼、无。

（5）沫饽消散。优先等级依次为：咬盏不散（放半天以上）、咬盏慢散、慢散、持续散、速散。

（6）香。优先等级依次为：真香、纯正、平正、欠纯、劣异。

（7）味。优先等级依次为：甘香重滑、醇正、平和、粗味、劣异。

（8）仪容仪表。优先等级依次为：好、较好、正确、较差（少处错）、差（多处错）。

（9）礼仪。优先等级依次为：好、较好、正确、较差（少处错）、差（多处错）。

2. 斗茶程序

（1）发布通知。向点茶人发布斗茶通知，告知斗茶时间、地点、规则、流程等事项。

（2）准备资源。根据斗茶规模与级别，准备人、财、物等资源。特别是评委，需具备相应资格与资历。

（3）布置场地。按斗茶需要布置场地，保证斗茶全程安全，确保斗茶过程可视、公开。

（4）宣布斗茶。当场宣布斗茶相关信息，强调比赛规则。

（5）人员到位。主持人、点茶人、评委、记录员、统计员上场，各就各位。

（6）准备斗茶。

摆放茶器：必放茶器，茶碗、茶筅放指定位置，规格（大小、形状、材质等）全部统一；可以增加茶席、茶巾等，规格统一。

分发茶汤：将组织方提前准备好的茶汤分发到茶碗中，茶汤规格（品质、量、温度等）全部统一。

（7）斗茶。

宣布开始：主持人宣布开始，记录员开始计时。

点茶：点茶人按要求、规则点茶。

记录：记录员记录全过程，评委全程在评选表上记录。

宣布结束：主持人宣布结束；记录员停止计时；点茶人停止点茶，双手离开茶桌。

（8）评选。评委根据评选表上的项目、指标，依次打分，需要说明的地方写评选理由。

统计员根据各位评委的打分，统计出最终结果。

（9）宣布结果。由主持人宣布最终斗茶结果。

参考文献

陆羽：《茶经》

陶谷：《荈茗录》

叶清臣：《述煮茶泉品》

沈括：《本朝茶法》

蔡襄：《茶录》

宋子安：《东溪试茶录》

黄儒：《品茶要录》

赵佶：《大观茶论》

唐庚：《斗茶记》

熊蕃：《宣和北苑贡茶录》

赵汝砺：《北苑别录》

审安老人：《茶具图赞》